PHILIPP SCHÖNBERGER

GRÜN-BLAU

IST DER WASSERSTOFF

ENERGIE RICHTIG VERSTEHEN –
NACHHALTIG HANDELN

GOLDEGG

Covergestaltung: Danni Wiebelhaus, danniwiebelhaus.de
Cover-Bild: AdobeStock, 564577514, 2hotza 3dietan

ISBN: 978-3-99060-356-7

Unter den Linden 21 • D-10117 Berlin
Telefon: +49 800 505 43 76-0

Goldegg Verlag GmbH, Österreich
Mommsengasse 4/2 • A-1040 Wien
Telefon: +43 1 505 43 76-0

E-Mail: office@goldegg-verlag.com
www.goldegg-verlag.com

Layout, Satz und Herstellung: Goldegg Verlag GmbH, Wien
Printed in the EU

Ich widme dieses Buch meiner Tochter.
Auf dass du, deine Kinder, Enkel und Urenkel
immer noch die Möglichkeit haben werdet,
die Wunder dieses Planeten zu entdecken.

Jeder dumme Junge kann einen Käfer zertreten. Aber alle Professoren der Welt können keinen herstellen.

ARTHUR SCHOPENHAUER, PHILOSOPH

INHALTSVERZEICHNIS

TEIL 1: VERSTEHEN

TEIL 2: BEWAHREN

TEIL 3: GENIESSEN

PROLOG

Ich muss Ihnen ein Geheimnis verraten. Ich liebe, ja verehre geradezu Gewitter. Wie ein Kleinkind, wenn der erste Schnee des Jahres fällt, renne ich zum Fenster, lasse alles stehen und liegen, beobachte und genieße das Spektakel. Sobald sich graublaue Wolken vor die Sonne schieben, sich zu ambossgleichen Gebilden auftürmen und ein leichter Wind aufkommt, bin ich zur Stelle, um dieses martialische Machtspiel der Natur mit Ehrfurcht zu betrachten. Denn hier spüre ich sie hautnah, die Energie in Reinform, dieses filigrane und erschütternde Schauspiel von Blitz und Donner. Wie Spinnweben ziehen sich diese Energiegebilde über den Himmel, gefolgt von einem markerschütternden Knall. Dies erfüllt mich mit tiefster Faszination und Demut. Warum?

Der Grund für ihre Existenz ist letztlich banal und immer gleich: Luftmassen mit unterschiedlicher Temperatur prallen aufeinander. Aber das Ergebnis ist grandios, atemberaubend, geradezu legendär. Selten erleben wir die Kraft der Energie realer. Pro Sekunde prasseln etwa 50 Blitze auf unsere Erde hernieder. Ich habe für Sie einmal ausgerechnet, wie viel Energie die Natur allein durch diese Blitze bereitstellt. Theoretisch könnten durch Blitzenergie dreieinhalb Städte mit der Größe und dem Energiehunger von New York City dauerhaft mit Strom versorgt werden. Schon beeindruckend, aber leider ist das nur ein Gedankenexperiment.

Ein Gewitter, das mich am meisten beeindruckt hat, habe ich tatsächlich in New York City erlebt. Es mag schon 20 Jahre her sein, aber ich erinnere mich immer noch genau. Wir waren gerade auf dem JFK gelandet und vom Transatlantikflug noch etwas geplättet, als wir durch die Schiebeglastüren ins Freie traten und uns eine unfassbar schwülwarme Nacht empfing. Zusätzlich zu der Kakofonie der Großstadt, dem Gehupe der Taxen, dem Versuch, uns gleich am Flughafen abzuzocken, und der schieren Größe von New York war dies fast schon zu viel. Wie eine Erlösung senkte sich kurze Zeit später ein schweres Gewitter über die Stadt und verwandelte und reinigte sie über Nacht in eine wundervolle ruhige, aber pulsierende, blauhimmelige und kühle Metropole, die nur darauf wartete, von uns entdeckt zu werden. Dass diese Stadt vor Energie brodelt, muss ich Ihnen sicherlich nicht erzählen. Man könnte fast meinen, dass diese besondere Stadt die Energie absorbiert und in ihren unvergleichlichen Geist umgewandelt hatte. Sollte ich mir ein Symbol für Energie ausdenken, wäre dies sicherlich der Blitz.

Immer wieder habe ich mir die Frage gestellt, wie ich dieses wundervolle, aber hochkomplexe Megathema Energie der Allgemeinheit zugänglich machen und dabei eine Faszination erzeugen kann, die jeder von uns spüren sollte, wenn er durch seinen Alltag spaziert. Denn Energie gibt es in jedem unserer Lebensbereiche.

Aber Sie wollen sicherlich erst noch etwas über mich wissen. Meine Geschichte begann, als ich während meines Studiums voller Ehrfurcht einem berühmt-berüchtigten Professor lauschte, der uns die energetische Bilanzierung lehrte. Besagter Professor war einige Jahre in der Industrie tätig gewesen und schließlich an die Uni gewechselt. Er erzählte uns immer viel über Energietechnik mit Beispielen aus der Praxis, und eines Tages ließ er so beiläufig den Satz fallen: »Ach, diese Windräder, die bringen doch eh nichts. Die herzustellen, kostet ja mehr Energie, als jemals in ihrem Lebenszyklus wieder herausgeholt werden kann.« Dieser Satz hat mich verwundert und zugleich neugierig gemacht. Ist das möglich? Ist ein ganzer Industriezweig auf dem Holzweg?

Oder ist diese These nicht völlig überholt? Aber irgendwie hat diese Aussage einen Samen des Zweifels in mein Gehirn gepflanzt, und ich wollte dem näher auf den Grund gehen. Für alle, die die Spannung jetzt nicht aushalten, hier ein kleiner »Sneak Peak« auf die folgenden Kapitel: Der Professor hatte unrecht, zumindest unter heutigen Gesichtspunkten! Aber dieses kleine Beispiel zeigt, wie wundervoll kontrovers über das Thema Energie diskutiert werden kann. Und das ist doch spannend. Also freuen Sie sich auf die nächste Dinnerparty, nachdem Sie dieses Buch gelesen haben. Da können Sie dann endlich mitdiskutieren. Aber hallo!

Ich hatte mehr oder weniger die typische Karriere eines Ingenieurs begonnen, war nach meinem Diplom direkt in die Industrie gewechselt und durfte an über 500 Projekten im Bereich der Energietechnik arbeiten, mit erzielten Einsparungen an CO_2 von über einer Milliarde Kilogramm (kg) pro Jahr. So oft kann ich gar nicht nach New York fliegen, um wieder einen negativen CO_2-Fußabdruck zu bekommen, aber das ist ja auch nicht Sinn der Übung. Erst kürzlich habe ich wieder eine Zeitschrift zum Thema Energiewende eines großen Unternehmens gelesen und dachte mir: Mensch, hier steht so viel drin, aber wer liest das, und vor allem wer versteht das? Vielleicht eine kleine Riege interessierter Ingenieure und Abonnenten dieser Zeitung, aber wer sonst?

Gefühlt ist das Thema Energie in seiner Gänze so komplex, dass, so meine These, nur noch die wenigsten das gänzlich begreifen können oder auch wollen. Vieles steht im Internet, vieles wird uns in den Medien erzählt, aber der große Zusammenhang wird selten hergestellt, und mir fehlt auch eine klare Strategie, wo es energietechnisch in den nächsten Jahren hingehen soll.

Das Thema Nachhaltigkeit ist zwar in aller Munde, aber aktiv werden nur die wenigsten. Das können wir auch gar nicht, so meine zweite These, denn uns fehlt ein entscheidendes Hilfsmittel oder genauer gesagt eine Sichtweise auf das Thema, um uns überhaupt eine differenzierte Meinung bilden zu können. Dennoch liegt es letztlich und eindeutig an uns. Wir alle sind die Energiewende, jeder von uns kann seinen Teil zu einem gesunden Morgen beitragen. Aber wie fängt man am besten an? Was ist eine sinnvolle nachhaltige Aktion und was eher nicht? Lohnt es sich überhaupt, dass ein Einzelner nachhaltig lebt? Die Beantwortung ist nicht einfach, aber ich hatte schon immer die Fähigkeit, komplexe Sachverhalte leicht und locker zu präsentieren. Also musste ich einfach ein Buch schreiben, welches Sie auf eine charmante Reise durch die Welt der Energie schickt. Dabei besuchen wir auf den folgenden Seiten drei Hauptreiseziele: Verstehen, Bewahren und Genießen. Das Fundament bildet der erste Teil VERSTEHEN, denn ohne nötige Grundlagen der Technik und Einblicke in unser derzeitiges Energie-Transformations-System kann keiner von uns die für sich richtigen Entscheidungen treffen oder eine bestimmte Meinung vertreten.

Wir starten mit etwas unterhaltsamer Theorie zum Thema Thermodynamik. So wollten Sie bestimmt schon immer wissen, warum das unaufgeräumte Zimmer eines Kleinkindes im direkten Zusammenhang mit der Expansion des Universums steht und dass Ihr Kind durchaus energetisch klug handelt, wenn es nicht aufräumt? Ich zeige Ihnen, wie im deutschsprachigen Raum und auch weltweit Energie erzeugt wird und was wir in den nächsten 30 Jahren zu erwarten haben. Irgendwie wäre es wieder einmal an der Zeit für »the next big thing«. Zukunftstechnologien gehören genauso in dieses Buch wie auch das Elektroauto, was ich, zumindest mit der derzeit bekannten Batterietechnik, noch nicht vollkommen gutheißen kann. Darüber werden wir reden müssen.

Ein Höhepunkt wird sicherlich das Kapitel über den

verfahrenstechnischen Grundsatz sein: Bedenke das große Ganze und vor dem Anfang das Ende. Was ich in meinem Berufsleben gelernt habe, ist, dass wir uns oft zu sehr mit kleinen Details beschäftigen und dabei das große Ganze aus den Augen verlieren. Das zu verstehen, ist enorm wichtig und hat mir für alle meine Lebensbereiche geholfen, die, zumindest häufig, richtigen Entscheidungen zu treffen.

Der Mittelteil baut inhaltlich auf den Erkenntnissen des ersten Teils auf und gibt nun Inspirationen und Anreize für alle Lebensbereiche. Hier möchte ich Ihnen ein paar Tipps und Tricks zur Hand geben, wie jeder von uns in seinem Alltag seine Energiebilanz aufstellen, verstehen und letztendlich seinen CO_2-Fußabdruck verbessern kann, damit auch noch ein paar Euro in das Sparschwein wandern. Dieser Teil des Buches ist demnach mit BEWAHREN betitelt, da wir hier die Werkzeuge besprechen, um unsere Umwelt ein wenig besser zu machen.

Der dritte Teil des Buches, der mit GENIESSEN überschrieben ist, beschäftigt sich ausschließlich mit Ihnen und Ihren Glaubenssätzen. Dies ist sozusagen die final zugespitzte Essenz des Themas Energie. Letztlich wird es darum gehen, wie wir unsere eigene und persönliche Energiebilanz erarbeiten können, um ein gesundes und erfülltes Leben zu führen. Wir streifen das Thema Abnehmen, genauso wie das Thema Burn-out. Ich wage die These, dass, wenn wir unseren Körper nicht in eine Balance bringen und den Stress auszugleichen lernen, sei es durch Meditation, einen Spaziergang in der wundervollen Natur oder mit unserem Lieblingssport, wir auf Dauer kein gesundes Leben werden führen können. Auch können wir viel aus der japanischen Philosophie mitnehmen. Freuen Sie sich auf einen kurzen Streifzug zu den Lehren eines Aikido-Meisters. Mein Hauptanliegen in diesem Teil ist, dass wir wieder lernen, die Faszination der Natur zu begreifen und ihre Alltäglichkeit wertzuschätzen.

Dann genießen wir und es fällt uns leicht, unseren Beitrag zu leisten.

Um die trockene Theorie etwas aufzulockern, wird Ihnen vielleicht auch noch das ein oder andere Filmzitat über den Weg laufen. Ich hoffe, es macht Ihnen genauso viel Spaß, diese zu entdecken, wie mir, diese in den Text eingewoben zu haben.

Aber nun genug der Einleitung, bitte blättern Sie nun um und begleiten Sie mich durch die unterschiedlichen und spannenden Aspekte zum Thema Energie. Legen wir das Fundament:

Es war einmal die Temperatur ...

Alles um uns herum ist Energie und Information.
Nicht mehr und nicht weniger.

PHILIPP SCHÖNBERGER

TEIL 1

VERSTEHEN

KAPITEL 1

WARUM WIR ALLE UNSTERBLICH SIND

Heute ist ein wundervoller Tag. Ich entspanne in meinem Garten im Liegestuhl, lasse mir die Sonnenstrahlen auf den Bauch scheinen und genieße das Leben. Es hat etwa 25 °C im Schatten und es weht ein leichter Wind. Welch angenehme und subtile Wärme. Perfekt, um Ihnen eine Geschichte zu erzählen. Erinnern Sie sich noch an dieses colaartige Eis in der keilförmig zugeschnittenen Tüte? Also diese braun-zuckrige Flüssigkeit mit Cola-Geschmack in Eisform? Für mich ist das eine typische Kindheitserinnerung. Die Tüte musste oben aufgerissen werden und dann begann das Drama in drei Akten.

Akt 1: Wie komme ich an das Eis heran? Viel zu kalt und an der Tüte klebend, hatte ich kaum eine Chance, an die Köstlichkeit zu gelangen, also musste die Tüte erst gewärmt werden. (Übrigens ist dies ein wunderbares Beispiel dafür, wie Wärmetransport funktioniert. Die warme Hand gibt Energie an das kalte Eis ab – wir sprechen darüber im nächsten Kapitel.) Als Ingenieur stelle ich mir im Nachhinein aber die Frage, warum um alles in der Welt das Eis oben dicker ist als unten. Ein thermodynamisch-lecktechnischer Unsinn. Hatte der Eistütendesigner überhaupt einmal den Praxistest durchlaufen? Da das Eis oben so dick ist, wärmt es hier kaum. Was aber passiert, ist, dass das Eis unten an der dünnen Stelle zu schmelzen beginnt. Und damit nimmt das Schicksal seinen Lauf …

Akt 2: Der kurze Moment des Genusses. Während einer extrem kurzen Zeitspanne (per Uhr kaum messbar) kann das Eis wie vorgesehen genossen werden, also mit der Greifhand nach oben flutschen lassen und gleichzeitig lutschen.

Akt 3: Das Ende der Welt: Mittlerweile hat sich in der Tüte eine ansehnliche Menge an Cola-Wasser gebildet, eher handwarm als kühl, aber dennoch das Highlight für jedes Kind, welches dieses Eis konsumiert. Denn natürlich versuchte ich nun, an diese Flüssigkeit heranzukommen. Trügerischerweise befindet sich aber aufgrund der unterschiedlichen Dicke und damit einhergehender abweichender Schmelzeigenschaften immer noch ein Eiskeil in der Tüte, der bei einsetzendem Trinkversuch mit nach vorne rauscht und den ungeübten Nutzer derart überrascht, dass das colaartige Wasser nun nicht im Mund landet, sondern überall sonst. Und genauso erging es mir, als ich mit weißem T-Shirt bzw. nun nicht mehr so weißem T-Shirt auf dem schotterigen Parkplatz des Vergnügungsparks stand. Vor klebrigbrauner und dickflüssiger Sauce tropfend, erfreute ich mich zusätzlich der Tatsache, dass anscheinend einige Wespen nun von proteinreicher Frühlingsnahrung auf zuckerhaltige Spätsommernahrung umgestellt hatten.

Aber es war herrlich und irgendwie hat einen das als Kind auch nicht gestört, denn man hatte den Willen, das durchzuziehen, die Konsequenzen waren egal. Und am Ende kam man ans Ziel, vielleicht nicht wie geplant, aber dennoch war man erfolgreich.

Diesen kindlichen Willen sollten wir uns im Erwachsenenalter ab und an zum Vorbild nehmen.

Genug über Eis geredet, ich hol mir jetzt eines. Falls Sie auch gerade einen Eishunger verspüren, können wir auch kurz Pause machen. Also ab zur Tiefkühltruhe, welche mit etwa minus 20 °C schon recht frisch ist. Der Unterschied zu draußen sind mal schnell 40 °C, also schnell die Tür zu und wieder raus in die Wärme. Und genießen.

Bei welchen Temperaturen fühlen Sie sich am wohlsten? Wahrscheinlich irgendwas um die 20 °C. Schon eigenartig, oder? Es gibt so viele Temperaturen, aber wir mögen nur einen ganz kleinen Bereich leiden. Entweder es ist zu kalt oder zu warm und dann verkomplizieren wir auch noch alles, da wir gern einen kühlen Kopf und gleichzeitig warme Füße bevorzugen. Das sind alltägliche Erfahrungen mit verschiedenen Temperaturen, aber haben Sie sich schon jemals die Frage gestellt, was Temperatur eigentlich ist?

Der Eiscremeriegel besteht aus Milliarden von Atomen, und diese Atome bewegen sich untereinander. Vereinfacht gesagt: Je höher die Temperatur, desto höher ist hier die Bewegung der Atome untereinander. Sie können sich das so vorstellen wie Orangen, die mit einem Gummiband verbunden sind und sich durch das Band in einem gewissen Maße voneinander entfernen und annähern können. Bei höheren

Temperaturen gibt es jetzt richtig bewegte Orangen. Je niedriger die Temperatur, desto geringer ist die Bewegung. Die Atome im Eis bewegen sich also weniger als die Atome in Ihrer Hand. Irre, oder? Das alles bekommen wir natürlich nicht mit, das Eis bewegt sich ja für unsere Augen unsichtbar, aber wir merken es an der Temperatur.

Richtig kalt wird es auf der Erde in der Antarktis, mit dem Rekord – Trommelwirbel – von minus 93 °C. Die Frage ist, wie lange noch. Das Pendant dazu könnten Sie bei einem ausgedehnten Spaziergang in der iranischen Lut-Wüste mit plus 70 °C erfahren. Das ist dann aber auch die maximale Spreizung auf unserer Erde. Also abgesehen von extremen Orten ist es doch recht heimelig hier, anders wäre ja auch gar kein Leben entstanden. Irgendwann einmal haben wir uns entschlossen, die Gradskala (Celsius) am Wasser zu orientieren. Unsere 0 Grad entsprechen dem Gefrierpunkt, die 100 Grad dem Siedepunkt von Wasser. Dass dies nun genau auf 100 Teile definiert wurde, ist reine Willkür, aber das stört uns ja auch nicht weiter. Was müssen Sie noch wissen über die Temperatur, ach ja – es gibt eine minimale Temperatur. Es wird einfach nie kälter als minus 273 °C. Kälter geht nicht, das ist der absolute Nullpunkt. Im Beispiel mit den Orangen wären minus 273 °C nun die Temperatur, bei der diese Orangen keinerlei Bewegung mehr ausführen, sie hängen sozusagen faul in den Seilen. Andererseits gibt es keine heißeste Temperatur bzw. ist diese so unfassbar heiß, dass ich die Zahl jetzt nicht aufschreibe, zu viele Nullen – wir können uns eh nichts darunter vorstellen. Die Temperatur bildet die Basis aller energetischer Vorgänge, und ich kann Sie nun beglückwünschen. Sie haben soeben den nullten Hauptsatz der Thermodynamik und damit unser erstes Gesetz verstanden: Es existiert Temperatur.

Ich habe es mir mittlerweile wieder in meinem Liegestuhl bequem gemacht und esse mein Eis. »Die Kälte, sie ist nun ein Teil von mir.«[1] Ach, was für eine grandiose Überleitung zum zweiten Gesetz, mit dem wir uns jetzt beschäftigen werden. Im Sprachgebrauch sagen wir oft, dass das Eis seine Kälte abgibt und damit etwas anderes kühlt, in meinem Fall meinen Bauch. Leider ist das so nicht richtig, denn Energie fließt immer vom wärmeren zum kälteren Objekt. Mein warmer Magen gibt also Energie an das Eis ab, um dieses aufzuwärmen, und gleichzeitig verliert der Magen dadurch Temperatur, was uns kühl vorkommt. Oder wenn Sie nach einer Runde joggen verschwitzt im Wind stehen, kühlt Sie nicht die Brise, sondern in Wahrheit geben Sie Wärme ab und dadurch fühlt es sich kalt an. Zusätzlich verdunstet der Schweiß und entzieht durch diesen Vorgang weiter Wärme aus Ihrer Haut. Das Ergebnis ist das gleiche, aber dies ist ein Grundsatz, der noch extrem wichtig wird.

Aber vielleicht sollten wir einmal klären, was es mit der Energie überhaupt auf sich hat. Vereinfacht gesagt benötigen wir Energie immer dann, wenn wir etwas tun oder etwas getan werden muss, sprich, wenn Arbeit zu verrichten ist. Wenn Sie dieses Buch in den Händen halten, benötigen Ihre Muskelzellen Energie, um den Muskel zu kontrahieren und Ihre Finger zu bewegen. Wenn Sie morgens mit dem Auto zur Arbeit fahren, benötigt Ihr Auto Energie, um Sie von A nach B zu transportieren, und noch etwas mehr, um Sie, je nach Jahreszeit, gut gekühlt oder mit gut durchgewärmtem Gesäß ans Ziel zu bringen. Ihre Kaffeemaschine braucht Energie, um Ihr Lieblingsheißgetränk aufzubrühen, Ihr PC, der piept und blinkt, benötigt sie, der Kühlschrank, der die Bierflasche kühlt, Ihr Smartphone, Ihr Gehirn, wenn es denkt, die Kuh, die Gras wiederkäut, der Baum, der wächst. Was immer passiert, braucht diese eine Zutat: Energie. Dabei kann Energie in ihrer Erscheinungsform doch recht wählerisch sein und dabei einerseits chemisch gebunden vorliegen, wie im Benzin oder Holz, Ihren Körperzellen, dem

Bierbauch des Nachbarn oder in allen grünen Pflanzen. Andererseits ist unser Inbegriff von Energie Strom, der so banal aus der Steckdose fließt, oder auch Feuer, das uns schon seit Jahrtausenden fast ein wenig magisch vorkommt. Wie groß ist der Stolz eines Vaters, wenn es ihm gelungen ist, ein Lagerfeuer zu entzünden. »Wilson, ich habe Feuer gemacht!!!«[2] All das ist Energie in ihren unterschiedlichsten Ausprägungen. Schon faszinierend, oder?

Ein Aspekt ist aber noch faszinierender:

**Energie ist unsterblich!
Ja, Sie haben richtig
gelesen, unsterblich.**

Eines der fundamentalsten Gesetze der Thermodynamik ist das Gesetz der Energieerhaltung. Energie kann weder erzeugt noch vernichtet werden, sie ist einfach da und wird immer da sein. Das Einzige, was wir mit Energie anstellen können, ist, diese zu transformieren, also in andere Formen umzuwandeln. »It all started with the big bang.«[3] Alle Energie im Universum ist seit dem Urknall vorhanden und wird seitdem in unterschiedlichste Formen transformiert. Irgendwann ist dann auf unserem Planeten Leben entstanden, das aber längst ausgestorben wäre, gäbe es da nicht diesen einen wunderbar hellen Ball an unserem Firmament: die Sonne. Wie unser lebenspendendes Zentralgestirn genau funktioniert, erfahren wir später noch, aber lassen Sie uns doch für den Moment gemeinsam eine kleine Reise antreten und die Energie eines Sonnenstrahls begleiten.

Der kleine Sonnenstrahl fliegt also durch unser Sonnensystem und trifft auf der Erde auf einen Grashalm. Die Zellen der Pflanze sind kleine Wunderwerke der Technik und schaffen es durch Aufnahme des Sonnenlichts nun mittels Photosynthese, diese Energie in eine chemisch gebundene Form zu überbringen. Dieser Stoff wird ATP (Adenosintriphosphat) genannt. Fun Fact am Rande: Die Pflanze nutzt alle Farben des Lichts außer Grün, daher sind unsere Pflanzen grün, weil dieses Licht wieder abgegeben wird, und das können wir sehen. In einem weiteren Schritt baut sich dann die Pflanze mithilfe dieser Energieform ATP und der Aufnahme von CO_2 aus der Luft Zuckermoleküle, welche einerseits zum Wachstum oder auch zur Ausbildung von Früchten genutzt werden. Ein Apfel ist also nichts weiter als konzentriertes Sonnenlicht.

Unser Sonnenstrahl hat nun dazu geführt, dass der Grashalm ein Stück gewachsen ist und richtig schön saftig und prall die Aufmerksamkeit der Kuh Elsa erregt hat. Die Kuh schnabuliert den Halm und unsere Energie wird wieder transformiert. Die Zucker werden aufgespalten und es entsteht wieder ATP, das im Organismus der Kuh mannigfaltig eingesetzt wird. In unserem Beispiel produziert Elsa nun Milch. Der Bauer melkt die Kuh und wenig später fließt diese durch die Rohrleitungen eines lebensmittelverarbeitenden Betriebs, der sich auf die Zubereitung von kalten Köstlichkeiten spezialisiert hat. Und so landet die Sonnenenergie in meiner Eiscreme und schwimmt jetzt in meinem Magen. Was dann passiert, können Sie in einem recht charmanten Buch über den Darm nachlesen, letztendlich entsteht aber wieder ATP, und diese Energieform kann ich jetzt nutzen. Es ist aber auch möglich, dass das ATP in eine längerfristige Speicherform übergeht und sich auf meine Hüften legt, als Fett. Fett ist pure Energie, deswegen schmeckt uns das auch so gut. Zusammen mit der Süße von Zucker lechzt unser Körper regelrecht danach. Evolutionsbedingt sollte der Mensch sich mit diesen hoch konzentrierten Energien die Bäuche vollschlagen, wenn diese denn einmal zur Verfügung standen (was nicht oft der Fall war – und das war auch gut so).

Seit der Industrialisierung haben wir Menschen dann allerdings auch noch einen Trick angewandt, um gespeicherte Energie nutzbar zu machen, und kurz gesagt erzeugen wir heutzutage Strom, weil wir alte ausgestorbene Dinosaurier und anderes biologisches Zeugs verbrennen. Jahrmillionen gespeicherte Energie in Biomasse, also letztendlich Kohle, Öl und Gas, bringen wir in nun kürzester Zeit an den stromhungrigen Konsumenten, mit durchaus bekannten Problemen. Auch darüber werden wir noch sprechen. Und so geht der Energiekreislauf immer weiter, irgendwann gebe ich die gespeicherte Energie wieder an den nächsten weiter, sei es durch Wärmeabgabe, indem ich es einfach für meine Körperfunktionen nutze und dann CO_2 wieder ausatme oder irgendwann einmal selbst in die Nahrungskette übergehe. Meine Energie bleibt aber erhalten, sie wird dann nur anders oder von anderen genutzt. Wenn Sie jetzt also denken, Sie seien unsterblich, dann ist das irgendwie schon auch ein klein wenig richtig. Neben der Energieerhaltung müssen wir noch über die Massenerhaltung sprechen. Stellen Sie sich vor, Sie stellen sechs Flaschen Bier in den Kühlschrank. Dann trinken Sie drei Flaschen und am nächsten Tag wieder drei. Das passt, übermorgen wäre der Kühlschrank dann leer. Was aber nicht funktioniert, ist, wenn Sie drei Flaschen reinstellen, aber vier trinken. Da ginge dann die Massenbilanz nicht auf. Ziemlich banal, oder? Aber extrem wichtig. Also halten wir fest: Energie bleibt erhalten, Masse bleibt erhalten, und irgendwie ist das ja auch das Gleiche, was wir seit Einsteins berühmter Formel $E = mc^2$ wissen. Und schwups, schon haben wir auch den ersten Hauptsatz der Thermodynamik begriffen.

Dieses Bierflaschen-Gedanken-Experiment hat mich durstig gemacht, also wuchte ich mich unter Stöhnen aus meinem Liegestuhl und will in die Küche gehen, werde aber abgelenkt durch Lärm im Kinderzimmer. Mich trifft fast der Schlag, als ich das Durcheinander und diese Unordnung sehe. Ärger will sich schon seinen Weg bahnen, »Großhirn an Blutdruck, steigen«[4], als ich mich gerade noch an den zweiten Hauptsatz der Thermodynamik erinnere, und es folgt pure Erleichterung. Jetzt aufgepasst, der Sinn des Lebens ist nicht »42«[5], sondern: Unordnung. Ja, richtig gelesen, einfache und banale Unordnung, Durcheinander, Gemenge oder Sammelsurium. Warum? Weil dies dem Streben des Universums entspricht. Seit dem Urknall expandiert das Universum und wird dabei immer ein Stück unordentlicher. Im Wissenschaftsjargon wird dies »Erhöhung der Entropie« genannt.

Gehen wir wieder zurück ins Kinderzimmer. Ein komplett aufgeräumtes Zimmer bedeutet erst mal Unordnung = 0, alles ist an seinem Platz, der Fußboden ist frei und das Bett gemacht. Es ist allerdings sehr viel wahrscheinlicher, dass das Zimmer durch Zufall unordentlich wird, als dass es von einem unordentlichen Zustand in einen ordentlichen kommt. Wenn Ihr Kind die Legokiste ausleert, wird die Unordnung massiv ansteigen. Dass per Zufall ein gebautes Objekt entsteht, wird wohl nicht passieren. Es gibt also einfach viel mehr Möglichkeiten, das Zimmer unordentlich zu machen, und letztendlich nur eine, um es aufgeräumt zu haben, daher gilt: Je stärker die Unordnung im Zimmer, desto höher ist die Entropie. Oder Sie ziehen um und Ihre ganzen Besitztümer sind in einem Umzugswagen. Angenommen, der Lkw hat dann einen schweren Unfall, dann ist davon auszugehen, dass auch Ihr ein oder anderes Kleinod Schaden genommen hat. Was aber kaum passieren wird, ist, dass durch den Unfall Ihr kaputter Fernseher wieder funktioniert. Alles, was passiert, strebt per se zunächst in Richtung Unordnung.

Und was können Sie gegen Unordnung unternehmen? Ja genau, aufräumen bzw. Energie aufwenden, um die Entropie wieder zu verringern. Das wird jetzt Reinheitsfetischisten nicht gefallen, aber immer, wenn Sie sauber machen, widersprechen Sie damit eigentlich der Natur des Universums. Andererseits funktioniert eben so unser tägliches Leben. Es ist halt ein wenig anstrengend und ermüdend, immer alles in Ordnung zu bringen, wenn die Wahrscheinlichkeit meint, sie müsse diesen hart erkämpften Zustand sofort wieder umkehren. Diese Gedanken – oder so ähnliche – werden auch unsere Kinder haben, wenn sie aufräumen sollen. Es macht doch einfach viel mehr Spaß, eins mit dem Universum zu sein. Universell gesprochen möchten wir also unsere Unordnung auf ein Maximum erhöhen und unser energetisches Niveau minimieren. Faulenzer haben jetzt die allumfassende Ausrede, und ich hoffe, Ihre Kinder werden dieses Kapitel erst lesen und verstehen, nachdem die Vernunft eingesetzt hat. Sorry, falls nicht.

Herzlichen Glückwunsch. Sie haben jetzt erfolgreich am Crashkurs für Thermodynamik teilgenommen.

KAPITEL 2

UNSER ENDGEGNER, DAS CO_2

Kennen Sie den Erdüberlastungstag[6]? Das ist symbolisch jährlich der Tag, an dem die natürlichen Ressourcen der Erde für dieses Jahr aufgebraucht sind. In den letzten Jahren lebten wir seit August auf Pump. Das heißt, wir verbrauchen weltweit weit mehr Ressourcen, als die Erde nachhaltig bereitstellen könnte. Momentan bräuchten wir rund 1,6 Erden, um den Energie- und Ressourcenhunger der Menschheit zu decken. Das wäre so, als wenn Sie Ihre kompletten Essensvorräte des Jahres bereits im August aufgefuttert haben. Das würde nicht lange gut gehen, oder?

Jetzt muss ich kurz Ian Malcom aus »Jurassic Park« zitieren: »Die Natur findet einen Weg.«[7] Was für ein grandioser und wahrer Satz. Ja, die Natur wird einen Weg finden, es ist nur die Frage, ob mit der Menschheit oder ohne diese. In den letzten Jahren haben wir ja erschreckend miterlebt, wie das Coronavirus unseren Planeten heimsuchte. Entstanden durch zu enge Interaktion zwischen Mensch und Tier, hat es das Virus geschafft, auf einen anderen Wirt überzuspringen. Etwas provokativer formuliert: »nature strikes back«. Aber wir wollen hier keine Verschwörungstheorien formulieren, mir ist nur wichtig, dass Sie verstehen, dass es durchaus Sinn hat, sich mit dem Thema Ressourcenschonung und dem Oberthema Energie auseinanderzusetzen, denn wir alle können dazu beitragen, diese Erde ein Stück wohnlicher und umweltfreundlicher zu gestalten.

Woran denken Sie, wenn Sie das Wort Energie hören? Vermutlich steht an erster Stelle Strom, da diese Form der Energie, wie kaum eine andere, unseren Alltag dominiert. Wir könnten weder duschen, ein kaltes Getränk genießen, telefonieren, Geld abheben noch tanken, wenn der Strom auf einmal weg wäre. Unsere Gesellschaft ist abhängig von Strom, was sehr einprägsam in dem Buch »Blackout« von Marc Elsberg beschrieben wird. Wenn Sie Zeit haben, lesen Sie es unbedingt. Innerhalb kürzester Zeit würden wir in Anarchie leben.

Mich interessiert aber noch ein anderes Problem. Aus welcher Energieform transformieren wir überhaupt unseren Strom, und wie genau machen wir das? Grob lässt sich das in drei Gruppen einteilen:

1. Energie durch nukleare Prozesse
2. Energie durch die Verbrennung von fossilen Brennstoffen
3. Energie durch erneuerbare Energien und teilweise deren Verbrennung (z. B. Biomasse)

Wie zu erwarten, leben wir noch in einem Zeitalter, in dem die Verbrennung von fossilem Zeugs sehr stark dominiert, und das geht schon ziemlich lange so. Irgendwann um 1800 begann die Industrialisierung in Europa, und die Produktion von Gütern aller Art brauchte eine Energiequelle, um Hitze oder Dampf zu erzeugen. Die Kohle wurde extrem wichtig, bildete die erste fossile Energiequelle und setzte damit den Startschuss zur Nutzung von in der Erde gespeicherter Energie. Sie können dies gern auch als Ausbeutung definieren. Im 20. Jahrhundert bekam die Kohle einen Buddy zum Spielen, das Erdöl wurde immer populärer und letztendlich im Jahre 1960 zum Menschheitsliebling gekürt. Es folgte eine Hoch-Zeit des Öls, welche aber im Vergleich zur Herrschaft der Kohle nur sehr kurz ausfiel, denn seit den 1990er-Jahren nimmt der weltweite Ölverbrauch wieder ab. Das Spielfeld des fossilen Energiemix ist jetzt mit mehreren Spielern besetzt, neben Öl und Kohle ist das Gas jetzt der dritte Stürmer. Wenn wir die gespeicherte Energie in Kohle, Öl und Gas nutzen wollen, so müssen wir diese verbrennen, was nicht so schlimm wäre, würde da nicht diese eine Verbindung sein, die uns das Leben schwer macht, das Kohlendioxid. Kohlendioxid oder kurz CO_2 ist ein Gas, das bei der Verbrennung von Kohlenstoff entsteht.

Das CO_2 mischt sich mit unserer Luft und ist dann erst mal da. Auch zunächst nichts Schlimmes, aber durch die massive Verbrennung von fossilen Brennstoffen bringen wir die ganze Bilanz ins Ungleichgewicht. Sie erinnern sich an das Gesetz der Massenerhaltung? Sehr gut. Das CO_2, das in der Biomasse von Kohle, Öl und Gas über Jahrmillionen Jahre in der Erde gebunden war, pusten wir innerhalb von 200 Jahren wieder in die Atmosphäre. Das heißt, es gibt einfach immer mehr freies CO_2, das nicht durch den normalen Zyklus und die Photosynthese von Pflanzen wiederaufgenommen werden kann. All die grünen Organismen kommen gar nicht hinterher, dieses Überangebot an leckerem CO_2 zu verspeisen und wieder in Biomasse zu binden. Das ist, als würden Sie an Ihrem Esstisch eine leckere Pizza essen, und der Pizzabote bringt alle fünf Minuten eine neue Pizza. Sie brauchen aber für das genüssliche Essen dieser Köstlichkeit 30 Minuten. In kürzester Zeit wäre die Küche voll mit Pizzen, die irgendwie stören, und so stört auch das überschüssige CO_2 in der Luft das Funktionieren unseres Planeten.

Wenn ein Sonnenstrahl auf die Erdoberfläche trifft, wird ein Teil des Lichts bzw. der Strahlung reflektiert, also wieder in Richtung Weltall geschickt. Durch die Bauform des CO_2-Moleküls kann dieses dann einen Teil dieser eigentlich für den Weltraum bestimmten Strahlung schlucken. Das heißt, eigentlich sollte mehr Energie in den Weltraum abgestrahlt werden, das CO_2 verhindert dies jedoch und behält die Energie bei sich und macht sich seine Umgebung ein wenig gemütlicher, also wärmer. Und das ist das große Problem. Wir heizen unsere Erde immer weiter auf, was zu den bekannten und wahrscheinlich auch zu unbekannten Klimaveränderungen führt. Aber nicht nur das Kohlendioxid bereitet dem Klima Kopfzerbrechen.

Wesentlicher schlimmer als CO_2 ist Methan, wenn dieses in die Atmosphäre gelangt. Ein Methan- oder kurz CH4-Molekül mag es besonders gern kuschelig und nimmt daher 25-mal mehr Wärmeenergie auf als CO_2. Methan ist der Hauptbestandteil von Erdgas, entsteht aber auch in der Viehzucht. Und das ist erschreckend. Durch Prozesse in den Mägen von Kühen, Schafen und anderen Wiederkäuern bildet sich Methan und wird durch Rülpsen oder Pupsen an die Luft abgegeben. Eine Kuh kann pro Tag bis zu 500 Liter Methan ausscheiden. Lassen Sie uns doch ein kleines Gedankenexperiment mit diesen Kuhrülpsern starten. 500 Liter Methan entsprechen auf ein Jahr gerechnet 130 kg an Stinkeluft. Da Methan 25-mal schlimmer ist als CO_2, dürfen wir in unserem Experiment also die 25-fache Menge an CO_2 erzeugen, um die in etwa gleiche Klimaschädlichkeit zu erhalten. Das wären sage und schreibe 3250 kg/Jahr CO_2 und entspräche damit einer Fahrleistung von etwa 30.000 km/Jahr mit Ihrem Diesel-Pkw. Also eine Kuh wäre einem Pkw gleichzusetzen.

Kurz gesagt: Je mehr das Gleichgewicht an CO_2-Aufnahme (Pflanzen) und -Abgabe (Verbrennung von Fossilen oder anderweitige Ausdünstungen) gestört wird, desto wärmer wird es auf unserem Planeten. Über die Folgen dieser Klimaveränderung und Erwärmung sind viele Bücher geschrieben worden und durch die Fridays-for-Future-Bewegung auch aktuell präsent, aber wir sind uns einig, dass wir hier ein sehr großes Problem haben, da wir extrem komplexe Prozesse stören und die Auswirkungen noch gar nicht richtig verstehen. Die größte Herausforderung des 21. Jahrhunderts wird daher eine signifikante Verringerung des CO_2-Ausstoßes sowie anderer Treibhausgasemissionen sein, und das bei einem gleichzeitig steigenden Energiehunger der Weltbevölkerung.

Einmal jährlich wird der Energy Outlook[8] präsentiert. Ein Dokument, das auf 160 Seiten über das globale Energiethema berichtet und dabei auch eine Prognose für die nächsten 20–30 Jahre abgibt. Generell werden hier drei Szenarien betrachtet:

- Lass mal so laufen wie bisher.
- Wir packen es politisch richtig an.
- Wir alle kämpfen für CO_2-Neutralität.

Und das ist recht interessant, denn die Vorhersagen gehen davon aus, dass wir es nur schaffen, bis 2050 CO_2-neutral zu werden, wenn die komplette Gesellschaft, also Sie und ich und Ihr Nachbar auch, massiv unser Verhalten in Richtung Energieeinsparung und Ressourcenschonung verändert, und das weltweit. Und das ist vielleicht der wichtigste Satz in diesem Buch:

Wir alle müssen helfen, damit wir diesen Planeten wieder ins Gleichgewicht bringen!

Es nützt leider nichts, sich nur auf die Politik zu verlassen, denn das zweite Szenario beschreibt genau diesen Verlauf. Flankiert von der Förderung nicht fossiler Technologien werden CO_2-Steuern stark angehoben. All das führt bis 2050 in etwa zu einer Reduzierung von 60 % im Vergleich zu heute und würde damit in etwa die <2-°C-Grenze der Erderwärmung bis 2100 einhalten. Von einer CO_2-Neutralität sind wir aber noch weit entfernt. Erschreckend ist aber leider das Szenario eins, mit Business as usual, denn hier werden bis 2050 kaum CO_2-Einsparungen möglich sein. Dieses Szenario basiert auf der Geschwindigkeit des Baus regenerativer Energien und politischer Maßnahmen zur CO_2-Absenkung in den letzten Jahren, hochgerechnet ins Jahr 2050. Meiner Meinung nach wäre das der Super-GAU. »Der größte Lehrer Versagen ist.«[9]

Interessant und erschreckend ist tatsächlich die Auswirkung des Russland-Ukraine-Kriegs auf die Ausrichtung der Energiewende. Wurde bis vor Kurzem die Nutzung von Erdgas als die Übergangstechnologie schlechthin definiert, so wandelt sich dieses Blatt nun. Die produzierende Industrie wird sich aus strategischen Gründen nicht mehr nur auf einen einzelnen Energieträger verlassen können. Es ist eine Ära der Brennstoffflexibilität angebrochen. Und dies bringt Innovation und reduziert in den betrachteten Szenarien sogar den CO_2-Ausstoß bis 2050. Der Krieg wird weltweit die Wirtschaftsleistung reduzieren, was wiederum auch gut fürs Klima ist, da Schwellenländer mit starkem Wirtschaftswachstum viel Kohlendioxid emittieren. So pervers dieser Krieg ist – und mein Mitgefühl ist bei allen, die leiden müssen –, so mag es dennoch klimatechnisch positive Effekte geben.

KAPITEL 3

KREISE ZEICHNEN HILFT

Auf jeder guten CD ist das dritte Lied jenes, mit dem der Künstler sagen möchte: »Schau mal, was ich kann«, und auch in meinem Buch ist das nun folgende dritte Kapitel extrem wichtig, denn wenn wir das Thema grundsätzlich verstanden haben, können wir dies in allen Lebensbereichen anwenden. Wir starten aber zunächst bei unserer lieb gewonnenen Energie.

Im Prinzip basiert dieses Kapitel auf unseren Erkenntnissen des ersten Hauptsatzes der Thermodynamik, also Energie bleibt erhalten und Masse bleibt erhalten. So weit, so gut. Jetzt kommt noch eine weitere Hilfe dazu und das ist der sogenannte BILANZKREIS. Der Bilanzkreis ist ein hypothetischer Kreis, der irgendetwas umschließt, und innerhalb dieses Kreises wird eine Energie- und Massenbilanz aufgestellt. Oje, zu praxisfern, also anders. Lassen Sie uns zwei Kreise zeichnen. Am besten Sie machen gleich mit, dann ist es anschaulicher. Wir malen einen großen Kreis und Ihr Haus oder Ihre Wohnung in die Mitte. Im Haus malen wir nun einen kleineren Kreis und in dessen Mitte kritzeln Sie bitte ein Wasserglas. Okay, damit haben wir zwei Bilanzkreise erschaffen. Jetzt brauchen wir noch Masse und Energie, sonst wäre es doch zu einfach und unsere Malstunde auch schon zu Ende. Dazu dient uns ein Kasten voll Wasser. Sie gehen einkaufen und bringen einen Kasten Wasser mit nach Hause, durch den Transport in der sommerlichen Hitze hat das Wasser nun eine Temperatur von 25 °C. Sie schleppen den Kasten ins Haus. Bitte zeichnen Sie jetzt einen Wasserkasten ins Haus, mit einem Pfeil, der von außen kommt. Okay, jetzt haben Sie dem Bilanzkreis 1 einen Kasten Wasser mit 25 °C zugeführt. Das Geschleppe hat Sie durstig gemacht, also schenken Sie sich ein großes Glas Wasser aus einer Flasche ein. Zeichen Sie jetzt eine Wasserflasche mit einem Pfeil zum Wasserglas. Das Wasserglas ist der Bilanzkreis 2. Also wurde dem zweiten Kreis jetzt ein volles Wasserglas mit 25 °C zugeführt. Da das Glas innerhalb Ihres Wohnraums steht, ist es dem Bilanzkreis 1 vorerst egal, dass eine Flasche ausgeschenkt im Glas ist, es sind ja immer noch alle Flaschen im Haus.

Da Ihnen das Wasser aber zu warm ist, lassen Sie das Glas stehen, damit es sich abkühlt bzw. seine Wärme an die Umgebung abgibt. Teilweise verlässt jetzt Energie den zweiten Bilanzkreis und wärmt damit die Umgebungsluft. Jetzt trinken Sie das Wasser mit 20 °C. Die Wassermasse verlässt nun den zweiten Bilanzkreis, und die anfänglich eingebrachte Energie ist auch wieder weg. Das Glas ist leer, die Bilanz ist geschlossen. Sie können jetzt einen Pfeil zeichnen, der den kleinen Kreis verlässt, aber innerhalb des größeren Kreises bleibt. Alles, was in das Glas reinkam, die Masse an Wasser und die Energie (Temperatur), sind wieder aus dem Glas raus. Eintritt = Austritt.

Dem ersten Bilanzkreis, Ihrem Haus, ist das aber weiterhin egal, da dies alles innerhalb des Kreises passiert, und das kümmert das Haus herzlich wenig. Bisher haben wir also nur Energie und Masse zugeführt, und diese müssen jetzt auch wieder abgeführt werden. Die Energie, die das Wasserglas an die Umgebungsluft abgegeben hat, wird das Haus in der Nacht verlieren, wenn es an die Umgebung Wärme abgibt. Irgendwann werden Sie einmal ein Bedürfnis verspüren, das getrunkene Wasser wieder loszuwerden. Und so verlässt das Wasser aus dem Glas den ersten Bilanzkreis durch ein Rohr in den Gully. Irgendwann haben Sie alle Flaschen ausgetrunken und fahren den leeren Kasten wieder in den Supermarkt. Mit dem Schließen der Haustür haben Sie den ersten großen Bilanzkreis geschlossen. Wenn Sie nun noch einen Pfeil zeichnen, der den großen Kreis verlässt, und daneben noch ein paar leere Flaschen skizzieren, wie es Michelangelo nicht schöner hätte machen können, dann sind wir auch schon fertig mit unserer kleinen Mal-Exkursion.

Warum erzähle ich Ihnen das alles? Meine These ist, dass wir uns oft zu sehr um die Details kümmern, also um unser Wasserglas, aber es durchaus wichtig wäre, einmal einen Schritt zurückzutreten, den Bilanzkreis ein wenig größer zu ziehen und sich die richtigen Fragen zu stellen, denn dann können wir uns eine differenzierte Meinung bilden. Wir hätten ja auch anstatt Wasser aus der Flasche Wasser aus dem Hahn nehmen können. Für den Bilanzkreis um das Wasserglas wäre das irrelevant gewesen, aber für Ihren Rücken eventuell irre relevant. Die Frage müsste also lauten: Wie kommt das Wasser in das Wasserglas, damit es für mich am besten passt? Entweder durch den Wasseranschluss am Haus oder doch mit einer Kiste. Eine Frage, die erst gestellt wird, wenn ein anderer Blickwinkel, ein größerer Bilanzkreis, gewählt wird. Vor allem in den Bereichen der Energieerzeugung wird hier vieles klarer, sobald Sie diese Methode anwenden. Wir werden daher auf das Thema Bilanzkreis immer wieder zu sprechen kommen.

Wenn Sie kurz Zeit haben, erkläre ich Ihnen das an einem aktuellen und anschaulichen Beispiel: Momentan werden die Innenstädte mit Elektro-Scootern geflutet, also kleinen Tretrollern, die den jeweiligen Nutzer per Elektroantrieb durch die Stadt befördern. Sicherlich war ein Grund der Einführung ein Umweltaspekt, um weniger Autos in den Städten zu haben und durch diese Mobilität das Klima zu schonen. Werfen wir einen Blick auf den Bilanzkreis um den Roller an sich. Ein Antrieb durch Elektrizität, gespeichert in einem Akku, verursacht keinerlei Emissionen. Der Roller ist leicht zu bedienen – eine tolle Sache. Strom geht rein, Antriebsleistung geht raus, that's it. Verständlich, dass dies so gehypt wird. Jetzt treten wir einen Schritt zurück und stellen uns die Frage, wo der Strom denn herkommt, mit dem der Roller betankt wird. Wir ziehen sozusagen den Kreis weiter und schließen die Stromerzeugung und die Aufladung mit ein, und da wird es recht eng für diese umweltfreundlichen Roller. Ich mag einzelnen Anbietern jetzt unrecht tun, aber es ist schwer vorstellbar, dass bei diesem kommerziell betriebenen Geschäft teurer Ökostrom getankt wird. Vermutlich strömt billiger Strom aus Kohle und Atomkraft hier im Akku. Falls ich mich irre: mea culpa – dann ist das Folgende als Gedankenexperiment tituliert.

Durch die Verbrennung von Kohle und anschließender Stromerzeugung wird mehr CO_2 in die Luft gepustet, als wenn der Scooter einen Dieselantrieb hätte. Sie tun also der Umwelt sogar etwas Schlechtes, anstatt diese zu schonen. Zugutehalten kann man jedoch die Tatsache, dass immerhin die Emissionen aus den Innenstadt-Bereichen herausgehalten werden, aber unter der umfassenden CO_2-Bilanz ist das verrückt und schädlich, was wir hier tun. Zumal dann ein dieselbetriebener Lkw durch die Stadt tuckert, um die Roller oder Akkus von überall her wieder einzusammeln und dann zum Aufladen zu fahren. Das hat doch irgendwie keinen Sinn und ist sogar kontraproduktiv für das ursprüngliche Konzept des Umweltschutzes.

Wenn Sie noch einen Schritt zurücktreten, wird das Bild noch klarer, denn Folgendes rückt nun in den Fokus. Zum einen ist doch interessant, welche Ressourcen und wie viel Energie überhaupt aufgewendet werden müssen, um ein Produkt herzustellen. Für den Wasserkasten bräuchten wir also

Quarzsand, um Glas herzustellen, Erdöl, um Plastik für den Kasten zu machen, Holz für das Papieretikett und natürlich Wasser. Und ganz viel Energie in Form von Wärme, um den Sand zu schmelzen, das Erdöl zu spalten und Papier herzustellen. Dann wird der Kasten per Lkw durchs Land gefahren, und so weiter. Andererseits müssen wir auch betrachten, was passiert, wenn es einmal zu Ende geht, also wie die Entsorgung aussieht. Das ist bei einem Wasserkasten relativ einfach. Das Glas und Plastik können wieder eingeschmolzen und recycelt werden. Allerdings muss hier dann ebenfalls wieder Energie aufgewendet werden.

Also im Vergleich zum Wasser aus dem Hahn werden bei der Variante im Kasten andere und zusätzliche Ressourcen und Energien verwendet. Das Ergebnis ist bei beiden Varianten das gleiche: Bereitstellung von hochwertigem Wasser. Aber die Art und Weise der Bereitstellung ändert sich und damit letztendlich auch der ökologische Fußabdruck. Dadurch ergibt sich ein sehr differenziertes Bild, und die Erkenntnisse daraus können auch sehr Mainstream-fremd sein, vor allem wenn wir uns das Produkt »Energie« ansehen.

Meine Hoffnung ist, dass ich Sie mit meinen Erzählungen inspiriere, öfter mal einen Schritt zurückzutreten und das große Ganze zu betrachten, denn damit können wir einiges bewegen.

KAPITEL 4

FEUER: ROMANTIK PUR, ODER DOCH NICHT?

Immer wenn ich in eine Flamme sehe, bin ich fasziniert. Dieses rotgelbe, flackernde Etwas. Irgendwie formlos wabert die Kerzenflamme am Docht, so heiß, aber doch so zerbrechlich. Der kleinste Luftzug lässt sie erzittern, und wie ein Ertrinkender klammert sich diese kleine Flamme an den Halm der Existenz. Haben Sie sich schon jemals die Frage gestellt, was eine Flamme eigentlich ist? Ja, etwas verbrennt, aber warum leuchtet das so schön und flackert hypnotisch? Warum braucht es überhaupt einen Docht? Eine Kerze ohne Docht funktioniert nicht und Docht ohne Kerze auch nicht wirklich. Diese Symbiose ist in ihrer Einfachheit so vollkommen und wunderschön. Gerade zur Weihnachtszeit lieben wir es, Kerzen zu entzünden. Erst eins, dann zwei …

Unsere Faszination, was Flammen anbetrifft, reicht Jahrtausende zurück, und nicht nur die Kerzenflamme ist hier bedeutend. Der große Bruder der Kerzenflamme ist das Lagerfeuer oder, wie es der Experte auszudrücken vermag, das atmosphärische Feuer mit Wurfbeschickung. Ach, welch ein Inbegriff von Romantik das Kaminfeuer oder Lagerfeuer beim Wildcampen doch ist. Wir alle strömen in Scharen zum Osterfeuer. Warum ist das so? Was begeistert uns derart an Feuer, dass wir selbst die klaren Nachteile wie verrußte und verrauchte Klamotten so einfach akzeptieren und uns schier überschlagen vor Begeisterung an offenen Flammen?

Ich kann hier nur vermuten, dass gerade dieses Sphärische der Flammen, die pure Energie und Wärme und letztendlich auch das archaisch Rohe unser Gehirn triggern. So ein bisschen können wir uns in diesen Momenten am Feuer in unsere frühen Vorfahren hineinfühlen, wie diese am Lagerfeuer sitzend das frisch erlegte Wild brieten. Ein Moment der Freude und des Schutzes, denn das Feuer bot nicht nur gut schmeckendes Fleisch, sondern auch Schutz vor Nachbar Säbelzahntiger oder anderem Getier. Andererseits, und das wissen wir alle, ist unkontrolliertes Feuer eines der zerstörerischsten Gegebenheiten, die wir uns nur vorstellen können. Auch unsere steinzeitlichen Vorfahren mussten vor Feuern fliehen, das hat sich in unsere Instinkte eingebrannt. Vielleicht ist es auch genau das, was uns das Glitzern in die Augen treibt. Feuer kann unser wichtigster energetischer Partner sein, aber auch Gefahr zugleich. Fragen Sie doch einmal einen Seemann, was die größte Gefahr auf einem Schiff ist. Nicht das Wasser, die Wellen, Stürme oder dergleichen, sondern ein unkontrolliertes Feuer.

Rund ums Feuer haben sich in unserer modernen Gesellschaft ja diverse Berufsgruppen etabliert. Die einen, die alles dafür tun, unkontrolliertes Feuer einzudämmen und zu löschen. Ein großes Lob an unsere Feuerwehrleute. Und dann gibt es noch jene, die absichtlich kontrolliertes Feuer erzeugen, damit wir unsere Lampen anmachen können und unser Kühlschrank kalt wird. Denn unsere Stromerzeugung basiert zum Großteil auf dem Verfahren der Verbrennung. Ich gehörte der zweiten Berufsgruppe an. Ich konnte einmal einen Mitarbeiter der freiwilligen Feuerwehr kennenlernen, und wir kamen ins Gespräch. »Und was machst du so?« »Ich bin bei der Feuerwehr, und du?« »Ich mache Feuer.« Da war dann vorerst Pause im Gespräch. Verständlicherweise verstehen Feuerwehrleute hier keinen Spaß bzw. reagieren auf solche Aussagen von unsensiblen Ingenieuren irritiert. Dabei ist das kontrollierte und industrielle Feuermachen eine Kunst.

Aber was kann denn überhaupt brennen? Es braucht eine besondere, aber für uns alltägliche Zutat. Das treibende Element, die Basis allen Lebens auf unserem Planeten, ist Kohlenstoff. Kurz C. Alles, was kreucht, fleucht, atmet und wächst, besteht zu großen Teilen aus Kohlenstoff. Ganz vereinfacht kann dieser Kohlenstoff in einer sehr energiereichen Form vorliegen, in Zucker, in Holz, in Öl. Im Prinzip in allen komplexen organischen Verbindungen. Wir erinnern uns an die Photosynthese, die es erlaubt, mithilfe der Sonnenlichtenergie organische Strukturen zu schaffen. Und diese Energie können wir uns zurückholen, indem wir das organische Zeugs verbrennen und den Kohlenstoff in die energiearme Version, das CO_2 oder Kohlendioxid, überführen. Im Prinzip recht einfach, eine organische Struktur auf Kohlenstoffbasis und der Sauerstoff aus unserer Luft, et voilà: Eine wunderschöne Flamme entsteht. Dass Sie und ich nicht spontan in Flammen aufgehen, liegt daran, dass erst eine gewisse Aktivierungsenergie notwendig ist, um den Prozess der Verbrennung anzukurbeln.

Zurück zu unserer Kerzenflamme. Diese müssen wir zuerst anzünden. Durch die Zündflamme wird genug Wärme erzeugt, dass sich das Wachs zunächst verflüssigt und dann verdampft. Diese gasförmigen Wachsmoleküle können sich dann entzünden und abbrennen. Die sichtbare Flamme ist dann ein Ergebnis der längeren Wachsmoleküle sowie des Kohlenmonoxids (CO), das bei der Verbrennung entsteht. Beides strahlt und leuchtet so wundervoll. Das CO schnappt sich noch ein Sauerstoff-Atömchen, verbrennt dann weiter und wird letztlich zum CO_2. Der Docht in Ihrer Kerze ist nur dazu da, dass die Flamme einen Punkt hat, um sich festzukrallen und auszubilden. Sobald Sie die Kerze auspusten, wird die Verbrennung abrupt gestoppt. Sie kennen sicherlich den unangenehmen Geruch, der beim Auspusten entsteht. Das ist das Unverbrannte.

Wenn Sie einen Gasherd haben, ist Ihnen bestimmt schon die hellblaue Flamme aufgefallen. Sieht ganz anders aus als eine Kerzenflamme oder das Feuer am Lagerfeuer, oder? Ja, bei der Verbrennung stellt sich ein wahres Farbenspektakel ein. Flammen von Ölen, Hölzern und Stäuben sind orangerot. Erdgas und andere Gase gehen in die blaue Richtung, und je niedriger der Energieinhalt in den Brenngasen ist, desto durchscheinender und hellblauer werden diese. Es gibt Flammen, die mit dem menschlichen Auge kaum mehr wahrgenommen werden können. So wunderschön. Eine Flamme aus der Verbrennung von Wasserstoff geht eher ins Lila. Aber halt, Wasserstoff besteht doch aus Wasserstoff, da ist doch gar kein Kohlenstoff drin. Schönberger, was erzählst du denn schon wieder für einen Schmarren? Ja, richtig, Wasserstoff oder kurz H ist neben dem Kohlenstoff der Hauptakteur in unseren Verbrennungstechnologien, und dies ist ein kleiner Hoffnungsschimmer für die Zukunft.

Erinnern Sie sich noch an die »Hindenburg«? Die ersten Zeppeline waren mit Wasserstoff gefüllt, da das Gas leichter als Luft ist und daher der Funktion eines Luftschiffes gut dienlich war. Leider brennt und explodiert Wasserstoff aber unfassbar gut. Nach dem tragischen Unfall der Hindenburg wurde dann ja auf Helium als Füllgas der Luftschiffe umgestiegen. Dieses Edelgas brennt nicht, macht aber lustige Stimmen, wenn man es einatmet. Ach ja, zum Thema Wasserstoff und der Frage, ob dieser wirklich so gefährlich ist, gibt es noch ein Extrakapitel. Keine Sorge.

KAPITEL 5

WIR VERBRENNEN SCHON GRUSELIGES ZEUGS

Vieles brennt, manches auch nicht, aber unser Problem ist, dass wir irgendwann einmal die Erde aufgebuddelt und dieses schwarze Zeugs gefunden haben. Konzentrierte Biomasse, also kohlenstoffhaltige Verbindungen, die sich wunderbar verbrennen lassen. Wenn wir vom Öl sprechen, so können wir dieses auch noch zu Kunststoffen und chemisch-pharmazeutischen Produkten umbauen lassen. Ohne Letzteres wäre unsere moderne Gesellschaft nicht so, wie sie ist. Schauen Sie sich einmal um, was alles aus Plastik ist, was alles lackiert, gepolstert, geschminkt und einfoliert ist. All das gäbe es nicht ohne Erdöl.

Aber verbrennen ist doch eine Sünde, oder etwa nicht? Zumindest erkennen wir einen deutlichen Wandel bei unseren Brennstoffen, weg vom Öl, hin zum Gas. Gas verbrennt per se umweltschonender, da weniger Begleitschadstoffe auf Schwefelbasis oder auch Stäube in die Luft gepustet werden. Das geht schon in die richtige Richtung, obwohl Erdgas eben auch ein fossiler Energieträger ist, der unser Problem mit der CO_2-Anhäufung in der Atmosphäre nicht löst – im Gegenteil.

Was Sie ebenfalls wissen müssen, ist, dass es auch innerhalb der fossilen Brennstoffe die schlechten und die ganz schlechten gibt. Am besten ziehen wir einen Vergleich, wenn wir uns ansehen, wie viel CO_2 bei einer gleich erzeugten Energiemenge erzeugt wird. Durch die Zusammensetzung der Brennstoffe ist es nämlich so, dass diese ganz unterschiedliche Mengen CO_2 erzeugen, immer bezogen auf die gleiche Energiemenge. Am besten schneidet in diesem Ranking tatsächlich das Erdgas ab, gefolgt vom Diesel und Schweröl mit etwa 20 % mehr CO_2-Ausstoß als das Erdgas. Trauriges Schlusslicht ist mal wieder die Kohle mit fast doppelt so hohen CO_2-Ausstößen im Vergleich zum Erdgas. Das macht mich traurig und bereitet mir Kopfzerbrechen, denn Kohlekraftwerke sind wieder auf dem Vormarsch und werden reihenweise neu gebaut, vor allem in China. In Deutschland werden aktuell 30 %[10] des Stroms auf Basis der Verbrennung von Kohle erzeugt. Was ist das doch für ein Wahnsinn! Damit ist die Kohle auf Platz 2 des Deutschen Energiemix, hinter Windenergie. Auch weltweit ist Kohle mit Abstand der King unter den Fossilen. In China und Indien werden um die 60 % des Energiebedarfs von Kohle gedeckt. In den USA ist dies etwas verschoben, hier führt Schweröl das Ranking an, aber immerhin noch 15 % der benötigten Energie werden durch Kohle gedeckt.

Warum ist das so? Warum müssen wir uns, wenn wir schon fossile Brennstoffe nutzen, uns auch noch für das Schlechteste davon entscheiden?

Die Antwort liegt auf der Hand: Kohle ist billig.

Und was zumindest für Deutschland dazukommt, Kohle ist der einzige fossile Energieträger, der hier im Land abgebaut werden kann, also ein Stück Unabhängigkeit. Und diese Unabhängigkeit ist seit der Russlandkrise wichtiger denn je. Aber was buddeln wir da überhaupt aus? Kohle ist feste Biomasse, also irgendein Überbleibsel von organischer Substanz, die einem hohen Druck und der Abwesenheit von Luft ausgesetzt war. Also, vor 20 Millionen Jahren ist ein Baum umgefallen, der mit der Zeit, meist in einem Moor, durch Sediment bedeckt wurde und schließlich nach ein paar Millionen Jährchen zur Kohle wurde. Problematisch an der Kohle ist vor allem der sehr invasive Abbau. Haben Sie die Tagebauwerke schon einmal gesehen? Das ist richtig gruselig. Zum anderen besteht Kohle neben Kohlenstoff aus einer Reihe von anderen Begleitelementen wie Schwefel und einer großen Menge Asche. Die Reinigung der aus der Verbrennung entstehenden Abgase ist aufwendig und teuer, aber letztendlich Stand der Technik. Aber unser vermaledeites CO_2 können wir einfach nicht loswerden. Das ist die Krux an der ganzen Geschichte, abgesehen davon, dass fossile Brennstoffe endlich sind. Irgendwann ist unser Vorratsschrank leer.

Die Kunst bei einer Verbrennung ist es, möglichst wenig Begleitemissionen zu erzeugen, als da wären Stickstoffdioxid, Kohlenmonoxid, Schwefeldioxid, Staub und noch so ein paar Exoten. Staub ist relativ einfach in den Griff zu kriegen. Hier wird mithilfe eines Filters der Staub von den Abgasen getrennt. Solche Filter können gut und gerne einmal Abmessungen von mehrstöckigen Häusern annehmen. Das Innere dieser Filter müssen Sie sich wie eine Aneinanderreihung von riesigen Makkaroni vorstellen. Außen auf diesen Makkaroni ist ein Gewebe, ähnlich unseren derzeit wohlbekannten FFP2-Masken, aufgebracht, und hier bleibt der Staub einfach hängen und das Abgas wird gereinigt. Im Kleinen passiert dies auch im Rußpartikelfilter im Auto.

Kohlenmonoxid ist zunächst ein Problem der Verbrennung. Wenn diese nicht vollständig abläuft, bleibt dieses CO übrig. CO ist sehr giftig für den Menschen und kann ab gewissen Konzentrationen in der Luft auch schön explodieren. Daher ist es für jede Verbrennung elementar wichtig, dass diese so gut abläuft, damit kein CO übrig bleibt. Dabei ist es bei flüssigen Brennstoffen schwieriger, das CO in seine Grenzen zu weisen, als bei gasförmigen.

Schwefeldioxid entsteht bei der Verbrennung, wenn im Brennstoff Schwefel enthalten war. Also in mehr oder weniger allen fossilen Brennstoffen, besonders viel aber im Schweröl. Das SO_2 war früher für den sauren Regen verantwortlich. Seit einigen Jahrzehnten wird dieses deshalb an Land aus den Abgasen mit recht aufwendigen Verfahren wieder herausgeholt. Auf See sieht das ganz anders aus. Wenn die großen Containerschiffe mit Schweröl betrieben werden, werden die Abgase nicht gereinigt. Hier wird zwar mittlerweile schwefelarmes Schweröl oder Dieselöl eingesetzt, dennoch gibt der NABU (Naturschutzbund) an, dass jährlich etwa 50.000 Menschen vorzeitig durch Schiffsabgase, vor allem durch den ausgestoßenen Staub und Dreck, sterben. Und das innerhalb der Europäischen Union. Tendenz unbekannt.

Es ist zwar nett, am Hamburger Hafen zu wohnen, aber so richtig gesund wird die norddeutsche Brise dort nicht sein. Zumindest hier hatte die Coronakrise ein Gutes. Zu dieser Zeit war Diesel so günstig, dass viele Schiffe anstatt mit Schweröl lieber mit Diesel fuhren und daher auch die Umwelt schonten. Um zukünftig diesen Dreckschleudern Einhalt zu gebieten, haben sich mittlerweile Firmen am Markt etabliert, die auch eine Abgaswäsche auf Schiffen anbieten und somit den Schwefeldioxid-Ausstoß auf See minimieren werden.

Die Königsdisziplin in allen Verbrennungsvorgängen ist die Kontrolle der Stickstoffdioxid-Emissionen. NO_2 ist giftig, verantwortlich für sauren Regen und ozonaktiv. Also richtig nettes Zeugs. Und es entsteht bei jeder Verbrennung. Je heißer eine Flamme brennt, desto mehr von diesen zerstörerischen Kumpanen werden freigelassen. Zusätzlich kommt es noch dicker, wenn im Brennstoff viel Stickstoff gebunden vorliegt, also aus Zersetzungsprozessen übrig ist. Vielleicht haben Sie schon einmal den Ammoniakgeruch von vergammeltem Fisch gerochen. Im Schweröl gibt es eine ganze Menge davon, weniger im Diesel und eigentlich gar nichts im Erdgas. Und jetzt wird's interessant. Praktisch die komplette Forschung der industriellen Verbrennungstechnologie geht dahin, die Entstehung von Stickstoffdioxid bei der Verbrennung auf das minimal Mögliche zu minimieren. Es ist höchst faszinierend, wie die Flamme immer weiter manipuliert wird, um den Kampf gegen das NO_2 zu gewinnen.

Wissen Sie, welches Land die schärfsten Vorgaben zu NO_2-Emissionen hat? Wenn wir an Umweltschutz denken, fällt uns nicht direkt China ein, aber hier ist es so. Der aktuelle gesetzliche Grenzwert ist um den Faktor 3 kleiner als der in Deutschland. Und diese Grenzwerte können erreicht und eingehalten werden. In Deutschland wird dieser Wert nicht gefordert und daher auch nicht erreicht. Hier könnten wir viel von unseren asiatischen Nachbarn lernen. Gut, wer einmal in Peking bei Smog war, der weiß, dass China hier ein ernsthaftes Problem hat und einiges in die Wege leiten muss. Also wir nehmen mit, dass wir Stickstoffdioxid mit vielen Methoden reduzieren können. Grundsätzlich ist die Problematik mit diesem Schadgas gut lösbar; was wir eben nicht tun dürfen, ist schummeln. Die Dieselaffäre hat den kompletten Ruf des Dieselmotors zerstört, dabei sind sowohl die Feinstaubthematik als auch diese NO_2-Thematik beherrschbar.

Der Rest bei allen Verbrennungsabgasen ist dann Luft und verdampftes Wasser. Also ein komplett geruchloser Mix an Gasen. Immer wenn es stinkt, ist die Verbrennung unvollständig und Moleküle mit Kohlenstoff schwirren noch durch die Luft. Ich freu mich immer sehr, wenn unser Nachbar seinen 30 Jahre alten Benzinrasenmäher herausholt. Der hört sich schon so unrund an und stinkt wie Hölle. Er scheint das aber nicht zu merken.

Bisher haben wir uns nur mit fossilen Brennstoffen beschäftigt, aber es gibt noch eine ganze Reihe weitere, die zunehmend an Bedeutung gewinnen. Als da wären: Biogas, alternative regenerative Brennstoffe, Rückstände aus allen möglichen industriellen Produktionsstätten und natürlich unser Hausmüll. Beginnen wir doch mit einer kurzen Exkursion zum Thema Müll. Für uns in Deutschland mittlerweile ja gängige Praxis ist die Verbrennung des Mülls, aber das war nicht immer so.

Meine Tochter kam vor einiger Zeit aus dem Kindergarten nach Hause und meinte, im Garten sei eine tote Ratte gefunden worden. Eine Erzieherin hätte daraufhin ein Loch gebuddelt und die Ratte da reingemacht. So was machen wir halt, wenn wir was loswerden wollen, wir buddeln ein Loch und vermuten, dass sich das Problem dann erledigt hat. Wenn ich es nicht mehr sehe, ist es nicht mehr da. Die Anfänge der Müllentsorgung waren genau das, ein großes Loch graben und rein damit. Irgendwann hat man sich dann gewundert, dass das Grundwasser verschmutzt war und sonderliche Deponiegase entstanden. Schon sehr erstaunlich, dieses nicht zu Ende denken. Na ja, wie auch immer, man versuchte, den Müll dann etwas geordnet in die Gruben zu geben, damit nicht was weiß Gott für chemische Reaktionen ablaufen, zusätzlich wurde das entstehende Gas abgesaugt. Immerhin ein Fortschritt – aber ein Problem wurde immer größer: wohin mit dem ganzen Müll? Deutschland ist ja geografisch endlich und es sähe ja nicht so schick aus, wenn überall Müllberge und Gruben wie Geschwüre die Landschaft verunstalten, also ging man einen Schritt weiter und baute die ersten Verbrennungsanlagen. Dabei wird der Müll auf einen großen Grillrost gelegt und angezündet. Das lief auch nicht so prall, da bei diesen niedrigen Temperaturen der Müllverbrennung das sogenannte Dioxin entsteht, welches in kleinsten Mengen extrem giftig ist. Wer erinnert sich noch an die Seveso-Katastrophe in Italien?

Wie üblich wird man nach Katastrophen sensibler, also wurde eine Mindestverbrennungstemperatur vorgeschrieben, und dafür wird seitlich in die Müllkessel noch zusätzlicher Brennstoff gegeben, meist Leichtöl oder Erdgas. Das killt natürlich die CO_2-Bilanz, ist aber zunächst einmal wichtig für die Gesundheit der Menschen, die in der Nähe einer Müllverbrennungsanlage wohnen. Sehr interessant und geradezu löblich sind mittlerweile Bestrebungen, diese fossilen Brennstoffe durch alternative wie Bioöle oder Wasserstoff abzulösen. Da im Hausmüll das ganze Periodensystem der Elemente zu finden ist, ist eine entsprechende Reinigung der Verbrennungsgase sehr aufwendig und teuer, aber damit wird sichergestellt, dass nur sauberes und gesundheitsfreundliches Abgas in die Umwelt entlassen wird. Eine ingenieurstechnische Meisterleistung.

Erschreckend und kaum vorzustellen ist, dass diese Nutzung von Müllverbrennungen kaum Usus ist. Nicht mal in Europa wird flächendeckend verbrannt. Auf dem ganzen Balkan gibt es keine einzige Anlage. Also wird weiterhin verbuddelt oder exportiert. Andere Länder wie China, Russland, die VAE oder andere asiatische Länder ziehen jetzt nach, mit sich jeweils an Größe überbietenden Anlagen. Bei allen Anlagen steht aber die Entsorgung im Vordergrund, nicht die Energieerzeugung, dies ist aber ein netter Nebeneffekt.

Steigende Relevanz in der Energieversorgung hat dagegen das Biogas. Biogas entsteht, wenn Grünzeugs vergammelt. Ähnlich wie im Kuhmagen sind Bakterien dafür verantwortlich, da diese die pflanzlichen Strukturen aufknabbern und dabei Methan erzeugen. Erzeugung von Biogas macht natürlich dann und dort am meisten Sinn, wo Grünabfälle anfallen, also dezentral bei vielen Bauernhöfen. Diese grünen, runden Gebilde mit Gummikuppel haben Sie bestimmt schon einmal gesehen. (Ich möchte hier immer wie auf einer Hüpfburg drauf herumhüpfen). Auf den ersten Blick scheint das eine gute Sache zu sein mit dem Biogas. Das CO_2, was bei der Verbrennung entsteht, wurde vorher von den Pflanzen aufgenommen. Der CO_2-Kreislauf ist also geschlossen. Wir könnten somit Energie erzeugen, ohne die Atmosphäre weiter mit CO_2 aufzuladen. Jetzt gehen wir aber wieder einen Schritt zurück und werfen einen Blick auf die Gesamtbilanz. Ob es Sinn hat, extra Pflanzen anzubauen, um damit dann Biogas zu erzeugen, sei einmal dahingestellt. Sofern reine Abfälle verwertet werden, ist alles gut. Das Problem beginnt jedoch, wenn extra Zuchtpflanzen eingesetzt werden. Denn diese müssen ausgesät, gedüngt, vor Schädlingen geschützt sowie geerntet werden. All dies sind energieverbrauchende Arbeitsschritte, welche die Gesamtbilanz sowohl beim CO_2 als auch bei der Energieausbeute verschlechtern, denn der Bauer fährt ja nicht per Ochsenkarren durchs Feld.

Die Nutzung von regenerativen alternativen Brennstoffen ist recht interessant, da hier kaum Grenzen in der Vorstellungskraft gesetzt werden. Ich kenne zum Beispiel Projekte, bei denen staubförmiger Hühnerkot verbrannt werden sollte. Aber es geht noch interessanter. Während der BSE-Krise durfte man den Futtermitteln auf einmal nicht mehr die Rinderabfälle beimischen, also musste man diese anders entsorgen. Das sogenannte Tierfett, also eine Mischung aus Knochenresten, Fetten und noch so ein paar anderen Kuriositäten, wurde und wird auch heute noch als Brennstoff verwertet. Schon gruselig, so ein Öl, oder? Reststoffe aus der Zuckerrübenproduktion, Fischöle, Holzstäube und vieles Weitere wird als Energieträger eingesetzt und verbrannt, und das vor allem immer dann, wenn der jeweilige Stoff nicht mehr anderweitig weiterverwendet werden kann. Und das hat absolut Sinn. Sie können sich gar nicht vorstellen, in welchen Produktionsanlagen gar schier unfassbar große Mengen an Reststoffen anfallen, seien diese gasförmig oder flüssig. Und die müssen einfach weg.

Richtig grandios sind die alternativen Brennstoffe, wenn zeitgleich noch ein zweites Problem gelöst wird, nämlich das des Transports zusätzlich zur Entsorgung. Da die Entsorgung meist nicht in der näheren Umgebung der Produktionsanlagen möglich ist, müssen die Abfälle quer durchs Land gefahren werden und dann in Sondermüll-Entsorgungsanlagen verbrannt werden. Das kostet richtig viel Geld, und der Transport produziert natürlich auch noch CO_2. Heureka, was für eine grandiose Idee wäre es denn nun, die anfallenden Reststoffe direkt vor Ort zu verbrennen und mit der damit »erzeugten« Energie nicht gleich auch noch die eigenen Produktionsstätten zu versorgen. Dadurch spart der Produzent einerseits eine Menge Geld, die er sonst dem Entsorgungsdienstleister hätte zahlen müssen, und zusätzlich braucht er nun weniger fossile Brennstoffe, um den eigenen Laden am Laufen zu halten. Eine Mega-Win-win-Situation. Für den Betreiber und die Umwelt.

Diesen Trend beobachte ich seit Jahren und bin sehr froh, dass immer mehr Unternehmen in geschlossenen Kreisläufen denken und die Umwelt einen höheren Stellenwert einnimmt. Überall entzünden sich kleine Feuer der Hoffnung, da auch die Technologie immer weiter voranschreitet und gezielte Reststoffverbrennungen ermöglicht. Dies wird auch einen Teil dazu beitragen, das fossile Zeitalter hinter uns zu lassen. Gerade diese Flexibilität und Energiesicherheit, die damit erreicht werden kann, ist geradezu grandios. Die Produktionsbetriebe wollen sich nicht mehr von einem importierten Brennstoff abhängig machen. Je flexibler sich die Industrie aufstellt, desto besser ist diese gegen Preisspitzen und Marktprobleme gewappnet. Diese alternativen Brennstoffe sind daher eine sehr willkommene Lösung.

Jetzt haben wir eine ganze Menge über Verbrennung gelernt, aber was nützt uns ein Feuer, wenn wir die Energie gar nicht weiter nutzen können? Und das vor allem im großen Maßstab. Es fehlt noch ein Energie-Speichermedium, und das schauen wir uns jetzt an.

KAPITEL 6

WAS HABEN DAMPF UND SCHULHOFSCHLÄGER GEMEINSAM?

»Wat is en Dampfmaschin?«[11] Die Frage hat sich wahrscheinlich auch James Watt gestellt, als er bei einem schönen Glas Whiskey in seinem schottischen Cottage über die Physik des Wasserdampfes nachgedacht hat. Denn irgendwie war es unvorteilhaft, dass mechanische Arbeit zu der Zeit immer nur von Tieren, Wasser oder Wind erzeugt wurde. Der Müller konnte nur mahlen, sofern genügend Wind oder Wasser vorhanden war, und der Bauer war auf einen starken Ochsen angewiesen, um sein Feld zu pflügen. Public Transportation war auf eine Pferdestärke beschränkt, und irgendwie fehlte etwas, um das Leben angenehmer zu machen.

The next big thing war damals also die Erfindung der Dampfmaschine. Dampf geht rein, Dampf geht raus, Antriebsleistung geht raus. Ganz einfach.

Ein Dampfmolekül können Sie sich wie einen Schulhofschläger vorstellen, der gerade eine Sechs bekommen hat. Der ist total aufgeladen und wütend, verlässt das Klassenzimmer und schubst ein anderes Kind. Das gemobbte Kind bewegt sich etwas zur Seite, und durch diese Aktion lässt der Bully sozusagen sprichwörtlich Dampf ab und verlässt das Schulgelände. Nun kommt der nächste Bösewicht aus dem Klassenzimmer und schubst den Jungen noch mal, wodurch dieser wieder etwas zu Seite taumelt. Und so geht das immer weiter. Der dampfende Schulhofschläger bringt also etwas in Bewegung. Und dat is en Dampfmaschin.

Alles beginnt jedoch mit Wasser. Interessanterweise hat ja gerade Wasser die Eigenschaft, dass wir alle drei Aggregatzustände dieses Moleküls in unserem Alltag erfahren. Von der festen Form, Eis, über das flüssige Trinkwasser zum gasförmigen Zustand, in der Umgangssprache Wasserdampf genannt. Und das alles innerhalb eines relativ kleinen Temperaturbereichs. Am geordnetsten ist die Form des Eises, also festen Wassers, und gemäß unserer bereits besprochenen Entropie auch die energieärmste Form. Wenn Sie einmal Schneekristalle genauer betrachtet haben, ist Ihnen bestimmt diese wunderschöne geordnete Struktur aufgefallen. Je mehr Energie wir jetzt in das Wasser hineingeben, desto unordentlicher wird die Struktur, bis letztendlich die Wasserdampfmoleküle auf große Entdeckungsreise gehen und frei herumschweben. Es gibt zwei Punkte, die bei der Erwärmung des Wassers besonders viel Energie benötigen. Einmal der Sprung vom Feststoff zur Flüssigkeit und dann jener Schritt, der die Grundlage unserer Energieerzeugung bildet, die Verdampfung des Wassers. Um 99 °C heißes Wasser zu verdampfen, also die Temperatur lediglich um ein weiteres schlappes Grad zu erhöhen, ist siebenmal so viel Energie nötig wie, um das Wasser von 20 °C auf 99 °C zu erwärmen. Das ist doch enorm, oder finden Sie nicht? In Wasserdampf steckt also ordentlich Power. Bei Umgebungsbedingungen verdampft Wasser bei 100 °C. Den Vorgang kennen wir alle, wenn wir uns einen Tee aufbrühen oder Nudeln kochen.

Industriell geht man jetzt noch einen Schritt weiter und setzt das verdampfte Wasser unter Druck. Das erfahren wir alltäglich eigentlich nur noch im Schnellkochtopf, hier wird unter höherem Druck gekocht. Durch die Hitze verdampft das Wasser, kann aber nicht entweichen, da der Deckel zu ist. Da unsere Dampfmoleküle ihre lieb gewonnene Freiheit und Unordentlichkeit nicht wieder abgeben wollen, steigt der Druck innerhalb des Kochtopfes an. Damit Sie eine Vorstellung bekommen, lassen wir doch einmal imaginär ein Kilogramm Wasser verdampfen. Ein Kilogramm Wasser können wir uns recht gut vorstellen, wenn wir eine Wasserflasche nehmen. So groß ist eine solche Flasche mit einem Liter Wasser ja gar nicht. Wenn das komplette Wasser jetzt verdampft ist, nimmt der Dampf ein wesentlich größeres Volumen ein, nämlich eins, das um den Faktor 1600 größer ist. Wow, das ist dann ungefähr das Volumen von einem großen Kühlschrank, also ein Würfel mit den Maßen von 1 m × 1 m × 1,6 m. Das sind schon beträchtliche Abmessungen von diesem Schluck Wasser. Und dieses Kühlschrankvolumen hat irgendwie in den kleinen Kochtopf zu passen, also müssen sich die Moleküle ganz schön »zusammendrücken«. Zusätzlich passiert jetzt noch etwas Eigenartiges. Durch den höheren Druck verschiebt sich die Temperatur, bei der das flüssige Wasser zu verdampfen beginnt. Der Druck wirkt sozusagen als Verstärker der Ordnung. Je stärker der Druck drückt, desto länger bleibt Wasser flüssig. Für jeden Druck gibt es eine festgelegte Temperatur, bei der das Wasser zu verdampfen beginnt. Und das ist letztendlich auch die Funktion des Schnellkochtopfes. Durch den höheren Druck kann bei höheren Temperaturen gegart werden, und das geht dann einfach schneller. Wenn Sie Kartoffeln auf dem Herd kochen, kann die maximale Temperatur nur 100 °C betragen. Heißer wird es nicht werden können, da das Wasser sonst ja gänzlich verdampft. Erst wenn das Wasser komplett aus dem Topf raus ist, wird es heißer. Das hat bestimmt auch jeder Hobbykoch von uns schon einmal erlebt, einen schön eingebrannten, stinkenden und qualmenden Topf auf dem Herd. Also kleiner Lifehack am Rande: Solange etwas Wasser im Topf ist, wird's nicht heißer als 100°C.

Öl hingegen wird heißer und verdampft erst bei höheren Temperaturen. Deshalb sind Verbrennungen mit Öl auch viel gefährlicher, da heißer. Wasser in Dampfform kann dann noch weiter erhitzt werden. Jeder, der einmal einen Schnellkochtopf aufgemacht hat, weiß, dass das schon recht gefährlich ist. Und das ist es bzw. war es vor allem zu Beginn im 19. Jahrhundert. Es wurden Kessel gebaut, um Wasser zu verdampfen, und diese gingen in Reihe hoch. Nicht selten kamen die Arbeiter ums Leben, die sich um die Befeuerung der Kessel kümmern sollten. Aber der Fortschritt verlangte nach dieser neu transformierten Energie, denn mithilfe des Dampfes ließen sich nun eine Reihe von Dingen erledigen, die vorher sehr mühsam waren. Durch den hohen Druck und das Volumen des Dampfes konnten nun Kolben, Räder oder andere Mechanik bewegt werden. Durch die Interaktion des Dampfes verliert dieser an Druck und damit an Energie, der Dampf gibt sozusagen einen Teil seiner gespeicherten Energie weiter. Klasse an dem Prinzip ist, dass das Wasser dadurch wieder flüssig wird und erneut genutzt werden kann. Wasser ist also ein sehr gutes Energiespeichermedium, da es nahezu unendlich zur Verfügung steht und mehr oder weniger ungefährlich ist. Kennen Sie den schlechten Witz: »Heißes Wasser kann man immer gebrauchen – lass es uns einfrieren.«

Aber zurück zur Dampfmaschine. Durch den Dampf wurde ein Kolben bewegt, welcher wiederum eine Stange bewegte. Der Clou daran ist, dass hiermit chemisch gespeicherte Energie in Bewegungsenergie umgewandelt wird. Und das war der Durchbruch. Diese Umwandlung, so banal sie uns heute auch erscheint, war der eine Quantensprung, der unser modernes Leben überhaupt erst ermöglichte. Denn alles, was wir brauchen, ist heißer Wasserdampf. Wie wir diesen erzeugen, ist erst einmal vollkommen egal. Letztendlich macht auch ein Atomkraftwerk nur Dampf. Mehr nicht. Einfach nur schönen warmen Wasserdampf. Im Prinzip recht einfach, durch die Kettenreaktion des radioaktiven Materials entsteht Energie, welche ebenfalls dafür genutzt wird, um Dampf zu erzeugen. Kernkraftwerke, Kohlekraftwerke, Gaskraftwerke, Müllheizkraftwerke – alle machen sie nichts außer heißen Wasserdampf. Schon verblüffend, oder?

Die eine Frage ist also, womit wir unseren Dampf machen, und da gibt es ja die einen oder anderen Nebenwirkungen. In den folgenden Kapiteln werden wir hier noch genauer hinsehen. Und die zweite Frage lautet, was machen wir denn jetzt mit dem Dampf, den wir unter Ressourcen-Ausbeutung oder Supergau-möglichen Verfahren teuer erkauft haben? Etwas, ohne das nur noch die wenigsten überhaupt lebensfähig wären, die Nummer eins der Energie, Superheld und Antiheld, ein Quantensprung der menschlichen Erfindungskunst. Bühne frei für den Strom.

KAPITEL 7

WIE WIR DINOSAURIER IN STROM VERWANDELN

Unser Puzzle der modernen Energieversorgung nimmt allmählich Gestalt an, denn ein Puzzleteilchen mit Namen Turbine fügt sich nun elegant in den Prozess ein und vollendet die Verbrennung und Dampferzeugung, indem diese nun etwas ausspuckt, was wir alle begehren, alltäglich nutzen, aber auch fürchten. Den Strom. Strom ist für uns noch unbegreiflicher als Feuer, denn Strom können wir gar nicht mehr sehen, er ist einfach da, sobald wir etwas an die Steckdose anschließen. Wir können ihn nur selten spüren, und wenn wir ihn spüren, kann es passieren, dass man nicht mehr von dieser Erfahrung berichten kann. Dennoch hat wohl jeder von uns ungeübten Handwerkern bestimmt schon mal einen leichten Schlag bekommen. Oder erinnern sie sich nicht mehr an diese Synthetikpullover? Man hatte förmlich Angst, etwas anzufassen, da der nächste Schlag drohte. Die Menschheit hat es geschafft, aus einer stinkenden Pfütze Dreck oder einem Kohleklumpen etwas so unsichtbar Kraftvolles, Sauberes und vielseitig Nutzbares wie Strom zu erzeugen. Verantwortlich für diesen Quantensprung an Technik ist die Turbine.

Nehmen Sie sich ein Pustewindrad zur Hand. Wenn Sie hineinpusten, drehen sich die Schaufeln des Windrads. Nun stellen sie sich vor, an den Schaufeln ist in der Mitte ein langer Stab befestigt, der sich mitdreht, wenn Sie pusten. Ach, es kann so einfach sein. In unserem Gedankenexperiment müssen wir jetzt nur die Luft austauschen. Anstatt Luft nutzen wir jetzt Dampf, den wir möglichst umweltfreundlich erschaffen haben. Diesen Dampf leiten wir in die Turbine. Dabei entspannt sich der Dampf, das heißt, er verliert an Druck, gewinnt dabei aber an Volumen. Durch diese Vergrößerung an Volumen und die Anströmung der Schaufeln mit hoher Geschwindigkeit drehen sich die Turbinenschaufeln, die in der Tat an einer Art Stab befestigt sind. Es dreht sich also dieser Stab. Der Dampf wiederum wird immer weiter und weiter entspannt, so weit, dass er wieder flüssig wird. Dadurch erhalten wir eine Menge an Energie zurück, welche wir davor reingesteckt haben. Also noch mal zur Erinnerung: Wir verbrennen zum Beispiel fossile Brennstoffe, um Wasser zu verdampfen, und anschließend nutzen wir die gespeicherte Energie im Dampf, um etwas zu bewegen, wir transportieren die Energie.

So weit, so gut, jetzt haben wir einen sich drehenden Stab. Das muss man sich einmal durch den Kopf gehen lassen. So viel Aufwand, damit sich ein Stab dreht. Aber die Drehung dieses Stabs ist essenziell, denn am anderen Ende des Stabs ist dieser mit Kupfer umwickelt. Das haben wir alle im Physikunterricht einmal live miterlebt. Schiebe Kupfer durch einen Magneten, und Hokuspokus: Wir erschaffen Strom. Dieses kostbare Gut wird also einerseits aus Brennstoffen transformiert, die chemisch gebundene Energie wird frei. Andererseits gibt es aber auch noch andere Möglichkeiten, Strom zu erzeugen, und hier kommen nun endlich die regenerativen Energieerzeugungstechniken zum Einsatz. Das Pustewindrad von oben kann nämlich nicht nur durch Dampf angetrieben werden, sondern auch, und was läge da näher, durch Wind. Das Prinzip ist dasselbe. Die Bewegungsenergie, die der Wind an die Rotorblätter abgibt, dreht Kupfer in Magneten, und da ist er wieder, der Strom.

Mehr oder weniger identisch funktioniert Wasserkraft, hier werden die Schaufeln halt mit Wasser angetrieben. Sozusagen ein Upgrade der alten Wasser- und Windmühlen. Natürlich alles ein wenig cooler und ausgefeilter, aber das Prinzip ist uralt.

Dass wir die Sonne anzapfen und uns einen winzigen, unbedeutenden Anteil hiervon sichern, liegt ebenfalls auf der Hand, allerdings ist unsere Solartechnik eher putzig als wirklich effizient. Sonne und Wind haben jedoch das Problem, dass nachts keine Sonne scheint, und Wind ist auch nicht so wirklich gutmütig und bläst immer gleichmäßig. Meist eher zu wenig oder dann so stark, dass man es gar nicht brauchen kann. All das wäre gar nicht so schlimm, aber verflixt noch mal, warum muss denn dieser Strom nun einen so wahnsinnig großen, geradezu fundamental erschütternden Nachteil besitzen. Wie grausam ist die Welt. Er lässt sich kaum speichern. Okay, zugegeben, in kleinen Mengen schon, aber im größeren Umfang wird's schwierig. Daher wird ins Stromnetz auch immer die Menge an Strom eingespeist, die gerade benötigt wird. Wie Sie bestimmt wissen, schwankt unser Strombedarf über den Tag beträchtlich. Und das macht das mit den regenerativen Energien, wie sie zurzeit existieren, so schwierig und unkomfortabel. Wir benötigen also eine Energieform, die ständig verfügbar ist und je nach Verbrauch im Netz zu- oder abgeschaltet werden kann. Oder einen entsprechenden Energiespeicher.

Und was soll man sagen, Deutschland hat sich hier in eine äußerst ungünstige Situation hineinmanövriert. Nach den Katastrophen von Fukushima wurden innerhalb kürzester Zeit die Atomkraftwerke vom Netz genommen, womit ein wichtiger Freiheitsgrad vernichtet wurde. Nämlich der Freiheitsgrad der Flexibilität. Nun blieb nichts anderes mehr übrig, als die benötigte Stromgrundlast durch fossile Energieträger zu gewährleisten, also vor allem durch Kohle. Verstehen Sie mich nicht falsch, ich bin keineswegs für Atomkraftwerke, im Gegenteil, aber einen Plan sollte man schon haben, wenn man einerseits das Klima schützen möchte und andererseits überstürzt etablierte Techniken abschaltet. Und wie sollte es anders sein, hat sich diese Flexibilitätsberaubung wiederholt. Einerseits wurden die Kohlekraftwerke mit einem Ablaufdatum versehen, was eine gute Entscheidung war. Allerdings hat man sich jetzt komplett auf Erdgas als die Technologie der nächsten 20 bis 30 Jahre versteift. Seit der Russland-Ukraine-Krise könnte man dies durchaus als Fehler betiteln.

Aber was wäre die Alternative? Genau das ist eine fundamentale Frage, denn uns fehlt zurzeit einfach eine Technologie, die uns ins nächste Zeitalter führen wird. Eine Technologie, die kein CO_2 erzeugt, stetig verfügbar und zu- und abgeschaltet werden kann. Etwas, das nicht die Landschaft verunstaltet oder das Land auf Jahrtausende verstrahlt.

Es wäre Zeit für einen neuen Paukenschlag, eine neue Innovation, etwas grundlegend Überraschendes, einen Meilenstein.

Dieser ist aber noch weit entfernt. Puh, irgendwie deprimierend. Allerdings bin ich mir sicher, dass in den nächsten Jahren hier grandiose Innovationen geboren werden, von denen wir bereits träumen können. Ich bleib da optimistisch.

Anders der Energy Outlook der BP. Dieser wirft auch einen Blick in die Zukunft, vor allem auch hinsichtlich der weltweiten Verbräuche an fossilen Energieträgern über die nächsten 30 Jahre hing. Konsens der Studie ist, dass die Verbrennung von fossilen Brennstoffen über die nächsten Jahrzehnte weiter den wichtigsten Beitrag zur Stromerzeugung leisten wird. Regenerative Energien werden zwar extrem wachsen, aber die fossilen auf absehbare Zeit nicht ablösen.

Aber vielleicht haben wir eine Chance, mit Wasserstoff hier einen weiten Sprung nach vorne zu machen. Warum? Darüber sprechen wir jetzt.

KAPITEL 8

GRÜN-BLAU IST DER WASSERSTOFF

Oh, wie schön ist Wasserstoff. Ein Hauch von Nichts mit enormem Energiegehalt. Ein waberndes Gespinst, ein geradezu märchenhaft anmutendes Gas. Die verwunschene Prinzessin der Energie, die wir erst wachküssen müssen.

Das Spannende an Wasserstoff ist der perfekte CO_2-Fußabdruck. Nämlich null.

Die Verbrennung von Wasserstoff erzeugt nur Wasser. Die deutsche Sprache ist hier wieder sehr korrekt. Wasserstoff, der Stoff, aus dem das Wasser ist. Das klingt doch perfekt, endlich ein Energieträger, der sauber verbrennt und auch noch richtig viel Energie mitbringt. Gäbe es da nicht diesen einen klitzekleinen Haken. Reinen Wasserstoff können wir leider nirgends ausbuddeln. Zwar ist im Erdgas ein gewisser Anteil an Wasserstoff vorhanden, aber die Gase lassen sich nicht trennen. Das wäre, wie wenn Sie versuchen würden, den Wasserdampf Ihres Spaghettitopfs von der übrigen Luft zu trennen. Das geht einfach nicht.

Also alles nur eine schöne Mär mit Wasserstoff als der Brennstoff der Zukunft? Darauf kann ich mit einem entschiedenen Jein antworten. Denn wieder einmal müssen wir hier differenziert herangehen. Reiner Wasserstoff wird in einer Reihe von industriellen Prozessen benötigt, hier wird er meist aus Erdgas hergestellt, aus der Spaltung von Methan, dem Hauptbestandteil von Erdgas. In der sogenannten Dampfreformierung werden Kohlenwasserstoffe, also Erdgas, Kohle oder Öl, mit Wasserdampf erhitzt und partiell verbrannt. Es entstehen Wasserstoff und Nebengase. Das ist natürlich suboptimal, da Energie genutzt wird und letztendlich ja wieder ein fossiler Energieträger als Basis dient. Das würde also keinen Sinn machen, aus Erdgas Wasserstoff zu erzeugen und damit dann Fahrzeuge anzutreiben oder Strom zu erzeugen. Industriell hat dies aber durchaus Sinn, da Wasserstoff sehr viel heißer brennt als Erdgas, und dies ist in manchen Prozessen einfach nötig. Diese Form von Wasserstoff wird brauner oder grauer Wasserstoff genannt. Die Bezeichnung mutet etwas schmutzig an und passt ganz gut.

Wir können Wasserstoff aber auch noch anderweitig erzeugen, mit der sogenannten Elektrolyse. Hier holen wir uns den Wasserstoff aus Wasser. Das ist natürlich sehr elegant, da wir den Kreislauf schließen. Die Menge, die an Wasser verbraucht wird, um den Wasserstoff herzustellen, entsteht wieder bei der Verbrennung. Aber Sie können sich bereits denken, dass es noch einen Haken gibt, und dieser heißt Strom. Wir benötigen nämlich Strom, um dem Wasser den Wasserstoff zu entlocken. Bei der Herstellung des

Wasserstoffs entsteht zwar kein CO_2, aber bei der Gewinnung des Stroms. Auch das ist nicht wirklich ein Gewinn, da die Stromerzeugung ja eine ganze Menge an Energieverlusten mit sich bringt. So richtig bescheuert wäre es, den Strom aus einer Kohleverbrennung zu nutzen und dann den Wasserstoff zu erzeugen. Obwohl wir kein Erdgas zur Wasserstoffherstellung nutzen, ist dies trotzdem ein »dreckiger Prozess«. Der daraus gewonnene Wasserstoff heißt dann ebenfalls grauer oder brauner Wasserstoff. Wenn jetzt zum Beispiel Strom aus Nuklearkraftwerken genutzt würde, um den Wasserstoff zu elektrolysieren, spräche man von gelbem Wasserstoff. Lustig, wie viele verschiedene Wasserstoffarten es gibt. Je nachdem, wie er hergestellt wird, hat er eine andere imaginäre Farbe. Schon irgendwie putzig. Man kann jetzt auch noch darüber nachdenken, den Wasserstoff auf Erdgas zu spalten, aber das dabei entstehende CO_2 nicht in die Atmosphäre zu entlassen, sondern irgendwie einzuspeichern. Diese Form von Wasserstoff wird blauer Wasserstoff genannt. Es gibt pinken und sogar türkisfarbenen Wasserstoff. Süß, aber alles nicht so richtig gut.

Aber es gibt noch den GRÜNEN WASSERSTOFF, und hier hat alles endlich einen Sinn. Hier nutzen wir direkt den Strom aus regenerativen Energien, um damit den Wasserstoff zu erzeugen. Der Wirkungsgrad ist zwar ziemlich mies, aber mit diesem Kunstgriff gibt es nun endlich eine Möglichkeit, den Windkraftstrom zu speichern. Wie oft haben Sie schon Windräder gesehen, die aus dem Wind gedreht sind, weil derzeit nicht mehr Strom im Netz gebraucht wird? Diese könnten jetzt jederzeit volle Pulle laufen und einfach mit dem Überschussstrom Wasserstoff erzeugen. Auch in sonnenreichen entlegenen Gegenden ließe sich nun mit Sonnenstrom direkt der Wasserstoff herstellen. Dann spielt der Wirkungsgrad auch keine Rolle. Zusätzlich gibt es noch einen weiteren Vorteil – Wasserstoff lässt sich transportieren. Es gibt derzeit eine Reihe von interessanten Projekten, bei denen direkt an den Windkraftanlagen Wasserstoff produziert und dann per Pipeline abtransportiert wird.

Vielleicht erinnern Sie sich an die Olympischen Spiele in Japan. Japan hatte sich damals ein hehres Ziel gesetzt. Es sollten die ersten Olympischen Spiele werden, deren Energie komplett durch Wasserstoff bereitgestellt wird. Die olympische Flamme sollte Wasserstoff verbrennen, die Fahrzeuge, die im olympischen Dorf hin- und herfahren, sollten auf Brennstoffzellentechnik den Wasserstoff in Strom umwandeln, und sogar die komplette Heizung sollte wasserstoffbasiert erzeugt werden. Welch ein großer Coup das geworden wäre. Tja, dann kam Corona und alles war auf einmal anders. Die Spiele wurden um ein Jahr verschoben, und es wurde ein wenig still um die energetische Seite der Wasserstoffspiele. Ob letztlich überhaupt oder in welcher Menge Wasserstoff genutzt wurde, kann ich gar nicht sagen.

Viel interessanter ist aber jetzt, dass sich Japan mit Australien zusammengetan hat. So wurde kürzlich der erste schwimmende Wasserstofftanker der Welt in Betrieb genommen, der den Wasserstoff aus Australien nach Japan verschifft.

Worüber aber wieder keiner spricht, ist, wie denn dieser Wasserstoff überhaupt hergestellt wurde. Und dies ist mal wieder ein Zeichen unserer Perversion. Denn in der Tat wird der Wasserstoff, der in Japan als »grünes Wunder« bejubelt wird, doch in Australien aus Kohle gewonnen. Also, die Australier nutzen einen fossilen Brennstoff, um diesen in aufwendigsten und energieintensiven Verfahren in Wasserstoff umzuwandeln. Wie schon beschrieben, wird hier eine ganze Menge an CO_2 erzeugt. Anschließend wird dieser Wasserstoff nach Japan verschifft, was wiederum auch Energie verbraucht, um dort dann letztlich verbrannt oder per Elektrolyse in Strom umgewandelt zu werden. Den Wirkungsgrad dessen möchte ich mir gar nicht ausrechnen. Da wäre es für die Japaner billiger gewesen und der Umwelt besser ergangen, hätte Japan das Kohlekraftwerk direkt im Land aufgebaut. Aber Schein und Sein sind eben zwei unterschiedliche Dinge. Dabei hat Australien mit seiner Sonnenintensität genug Potenzial, um hier richtig Gas zu geben. Im wahrsten Sinne des Wortes. Mit Solarstrom betriebene Elektrolyseure, die Wasser in Wasserstoff umwandeln. Das wäre doch eine Idee für die Zukunft. Wie das Ganze funktioniert, erfahren wir später. Aber wir haben noch ein winziges Problem mit der Wasserstoff-Verschiffung.

Hierzu muss ich ein wenig ausholen und über den allgemeinen Gastransport per Schiff sprechen. Da es mittlerweile keine Gaspipelines aus Russland mehr gibt, muss das Gas, zumindest teilweise, auch per Schiff nach Mitteleuropa angeliefert werden. Diese Schiffe werden im Exportland entsprechend mit Gas betankt, und auf geht die Reise. Aber Gas an sich ist halt blöd zu transportieren. Das liegt am Volumen. Gas hat eben ein viel größeres Volumen als eine Flüssigkeit. 1 kg Gas ist 1 kg Flüssigkeit, aber das Gasvolumen ist viel, viel größer. Ein Liter Wasser können Sie sich ja gut vorstellen. Dieses 1 kg entspricht einer Wasserflasche. Wenn Sie jetzt dieses 1 kg Wasser verdampfen, entsteht aber ein Volumen von 1,66 m^3. Das ist ein Würfel von grob 1 × 1 × 1,6 m. Das ist schon nennenswert mehr Volumen als diese kleine Flasche. Diesem Problem stehen natürlich auch die Schiffsbetanker gegenüber, also wird das Gas extrem gekühlt und so stark zusammengepresst, dass es wieder flüssig wird. Und dann passt auch mehr ins Schiff. Das Zeug nennt man dann verflüssigtes Erdgas oder auch »Liquefied Natural Gas«. Das Erdgas wird dabei auf minus 160 °C abgekühlt und mit einigen Bar Druck überlagert. Damit schwappt also eine Flüssigkeit in den Gastankern herum. Und das mit dem Herumschwappen meine ich ernst, denn das Schiff fährt ja nicht ruhig auf einer geraden Straße, sondern ist der ein oder anderen Welle ausgesetzt, die das Schiff natürlich hin- und herschaukelt. Und man glaubt es nicht, aber dieses Hin- und Hergeschaukel bekommt dem flüssigen Erdgas gar nicht. Genauer gesagt, durch die Schiffsbewegung reibt sich die Flüssigkeit an den Schiffswänden. Und diese Reibung reicht aus, dass die Flüssigkeit wieder gasförmig wird. Also, während der Schiffsfahrt entsteht laufend wieder Gas, das wegmuss. Jetzt haben sich zum Glück findige Ingenieure überlegt, dass man dieses Gas ja vorzüglich für den Schiffsantrieb benutzen kann, und ja, das tut man auch. Das ist dann schon recht elegant. Allerdings muss man auch dazu sagen, dass dieses Gas auch dann entsteht, wenn keine Antriebsleistung benötigt wird, und dann wird das überschüssige Gas, und das kann eine Menge sein, kurzerhand abgefackelt. Für diese Art des Gastransports haben sich über die Jahre Techniken am Markt etabliert, und man könnte sagen, der Mensch beherrscht dieses Thema. Allerdings spreche ich hier bislang nur von Erdgas, also quasi Methan.

Aber wie sieht es mit Wasserstoff aus? Sie müssen wissen, dass Wasserstoff einfach viel lieber als Erdgas ein Gas ist und bleibt. Die kleinen Wasserstoffatome haben nicht so recht Lust, sich in eine Flüssigkeit pressen zu lassen. Dabei ist es beim Wasserstoff umso wichtiger, da 1 kg sage und schreibe 11 m^3 an Volumen einnimmt. Erdgas hat zum Vergleich ein Volumen von lediglich 1,4 m^3. 1 kg Wasserstoff braucht also wesentlich mehr Platz, genauer gesagt einen Raum von 11 m Länge × 1 m Breite × 1 m Höhe. Es ist also durchaus von Vorteil, wenn wir den Wasserstoff wieder zusammenpressen und extrem abkühlen. Das passiert bei den Wasserstofftankern, indem der Wasserstoff auf frostige minus 250 bis 270 °C heruntergekühlt wird. Wie Sie bereits wissen – kälter geht es gar nicht. Sie können es sich schon denken, durch die Schaukelbewegung des Schiffs gibt es hier ein weitaus größeres Potenzial, dass sich der Wasserstoff seiner flüssigen Form entledigt und wieder ausgast. Darum ist der Transport in flüssiger Form per Schiff eine schwierige Sache, und ich bin mir nicht sicher, ob wir das zufriedenstellend gelöst bekommen.

Man könnte sich also die Frage stellen, wie man den Wasserstoff anders speichern könnte, um diesen dann besser zu transportieren. Und auch hier sind unsere findigen Ingenieure und Chemiker, Physiker und wer halt so dabei war, auf eine clevere Idee gekommen. Wie wäre es denn damit, den Wasserstoff in Ammoniak zu speichern? Ammoniak ist eine chemische Verbindung, die zu drei Teilen aus Wasserstoff und zu einem Teil aus Stickstoff besteht. Der große, gigantische, sozusagen gamechangende Vorteil bei Ammoniak ist die Tatsache, dass das Zeug flüssig ist, und zwar bei Raumtemperatur. Wenn man es also schafft, den Wasserstoff in Ammoniak umzuwandeln, könnte man den Energieträger Wasserstoff wesentlich effizienter, einfacher, kostengünstiger und sicherer transportieren. Den Wasserstoff in Ammoniak umzuwandeln, ist ein gängiges Verfahren, das sogenannte Haber-Bosch-Verfahren, und wurde bereits um 1920 entwickelt. Vielleicht haben Sie schon einmal davon gehört? Genauso wird's gemacht. Nur dass man das Ammoniak dann nicht mehr nutzt, um daraus Düngemittel, Sprengstoff oder Kältemittel herzustellen, sondern es sozusagen als Energieträger ansieht. Aber natürlich stecken auch hier die Herausforderungen im Detail, und gerade zum Thema Ammoniak-Verbrennung laufen gerade vielversprechende Forschungsprojekte.

Vor einiger Zeit habe ich mir den zweiten Teil des Krimi-Thrillers »Knives-Out« mit Ex-Bond Daniel Craig angesehen. Ein lohnenswerter Film mit einem merkwürdigen Ende. Aber was mich vor allem geärgert hat, war die Stigmatisierung von Wasserstoff als gefährlich und extrem explosiv.

Aber genau das höre ich immer öfter. Oh, Wasserstoff ist so gefährlich. Und ja, auch ich habe mich des Beispiels mit der Hindenburg bedient. Also muss ich hier noch eine Lanze für den Wasserstoff brechen und Sie hoffentlich ein wenig beruhigen. Panik machen ist nicht gesund, also schauen wir uns die Fakten genauer an.

Wasserstoff ist genauso wie Erdgas ein brennbares Gas. Das wollen wir ja gerade. Aber wie genau kann denn überhaupt eine gefährliche Situation entstehen? Grundsätzlich braucht das Gas Sauerstoff, um überhaupt reagieren zu können. Und dazu muss es noch eine Zündquelle geben, also irgendwas für den Funken. Das kann zum Beispiel ein Streichholz sein, Ihr statisch aufgeladener Pulli oder ein elektrischer Funke. Fehlt einer dieser drei Protagonisten, passiert gar nichts. Das heißt, der Brennstoff kann nicht brennen oder explodieren. Da wir in unserem Alltag schwerlich verhindern können, dass doch irgendwelche Zündfunken entstehen, müssen wir uns also darauf konzentrieren, keine ungewollte Mischung aus Brenngas und Sauerstoff zu erzeugen. Und das ist der ganze Trick dabei. Schauen Sie doch einmal in Ihren Heizungskeller. Dort gibt es vielleicht eine Erdgasleitung, die in Ihre Heizung mündet. Das Erdgas innerhalb der Leitung ist reines Erdgas. Das ist sicher, da kann nichts passieren. Zum Glück gibt es Normen, die vorschreiben, wie Verbindungen in diesen Leitungen auszusehen haben. Das Ganze nennt man dann dauerhaft technisch dicht. Wenn alles sauber und fachmännisch verlegt ist, kann kein Gas ungewollt austreten. Und dass das funktioniert, wissen wir alle, da nur relativ selten einmal ein Gebäude aufgrund eines Gasaustritts in die Luft fliegt. Denn die Mischung aus Luft und Brenngas geschieht erst in Ihrer Heizung. Dort aber kontrolliert, und auch das wollen wir ja, sonst wird's nicht warm.

Solange die Rohrleitungen dicht sind, passiert rein gar nichts. Dazu müssen Sie noch wissen, dass eine Explosion, vor der wir alle Angst haben, nur in einem ganz bestimmten Verhältnis von Luft und Brennstoff zueinander überhaupt stattfinden kann. Ist zu viel Luft da, kann das Gas nicht zünden, die Mischung ist zu arm. Ist wiederum zu viel Gas in der Luft, ist das Gemisch zu fett und es kann auch nicht explodieren. Man muss also erst einmal dieses Mischungsfenster treffen und dann auch noch einen Zündfunken haben, damit das Haus in die Luft fliegen kann. Die Realität beweist, dass das relativ unwahrscheinlich ist. Aber was ist nun mit Wasserstoff?

Wasserstoff kann genauso sicher wie Erdgas in Rohrleitungen transportiert werden.

Gegebenenfalls braucht es hier andere Dichtungen, aber auch Wasserstoff kann dauerhaft technisch dicht transportiert werden. Folglich kann auch hier wieder nur ein gefährlicher Zustand entstehen, wenn irgendwo ein Schaden ist und Wasserstoff dorthin austreten kann, wo er eigentlich gar nichts zu suchen hat. Und natürlich braucht's für eine Explosion wieder einen Zündfunken. Allerdings muss man tatsächlich ehrlicherweise dazu sagen, dass das Mischungsfenster mit Luft, in dem der Wasserstoff explodieren kann, deutlich größer ist als jenes von Erdgas. Auch haben Wasserstoffexplosionen deutlich mehr Power. Also falls etwas passiert, passiert was Schlimmes. Aber wie gesagt, wie oft kommt es vor, dass tatsächlich ungewollt Gas austritt? Letztlich ist die Gefahr die gleiche wie bei Erdgas. Über mögliche Explosionen mit Erdgas denken wir schon lange nicht mehr nach. Ich möchte Sie beruhigen, Wasserstoff kann gebändigt werden, das ist kein Hexenwerk. Bitte lassen Sie sich nicht verunsichern und verdammen Sie diese neue Technologie nicht. Und wer sagt überhaupt, dass der Wasserstoff irgendwann bei Ihnen im Hause ankommt? Dafür haben wir doch den Strom. Wasserstoff wird vielmehr die großen Kraftwerke befeuern und in der Mobilität eingesetzt werden. Tatsächlich freue ich mich auf die nächsten Jahre. Einfach nur spannend, was auf dem Energiesektor wohl alles passieren wird.

KAPITEL 9

DER SPIELVERDERBER DER ENERGIEERZEUGUNG

In dem fast schon alchimistisch anmutenden Prozess des Entflammens, Brodelns, Verdampfens und Stangenbewegens gibt es noch einen kleinen fiesen Mitspieler. Was für ein Spielverderber! Ohne ihn wäre alles so viel einfacher, aber seine Verwandten kann man sich ja bekanntlich nicht aussuchen, und so müssen auch wir mit ihm klarkommen. Dem kleinen Bruder der Energie. Vorhang auf für den WIRKUNGSGRAD. Auch hier ist die deutsche Sprache wieder sehr konkret. Der Wirkungsgrad beschreibt den Grad der Wirkung.

Lassen Sie uns in ein kleines Beispiel eintauchen. Heute grillen wir ein 3 cm dickes T-Bone-Steak auf Ihrem neuen Kohlengrill. Stellen Sie sich das leckere Steak vor, perfekt gegrillt mit einer Kerntemperatur von 56 °C, den schicken Grillstreifen und dem knusprigen Fettrand. Beim Aufschneiden lacht Ihnen das saftige rosa Fleisch entgegen. Jetzt noch ein paar Flocken Fleur de Sel obendrauf, und mmh! Welch Genuss, wenn das butterzarte Fleisch in Ihrem Mund zergeht. Herrlich. Damit Sie sich dieses Steak schmecken lassen können, müssen Sie zuerst den Grill einheizen. Also ordentlich Kohle drauf, anzünden, warten. Nach gefühlt ewig langer Zeit des Fächerns, Pustens und Biertrinkens ist es endlich so weit und Ihr Steak darf die heiligen Hallen des Grillrosts betreten. Kurz gegrillt auf jeder Seite mit starker Hitze und dann ruhen lassen. Jeder Grillmeister kennt die Hitze, die der Grill abstrahlt, schon lange bevor das kostbare Gut veredelt wird und auch noch lange, lange, lange danach. Die genutzte Energie für den Grillvorgang ist nur ein kleiner Teil der gesamten Energiemenge, welche durch die Kohle abgegeben wird. Also die Wirkung ist in diesem Fall das Grillen, und der Grad der Wirkung ist dann das Verhältnis der erzeugten Energie zur tatsächlich genutzten. Vielleicht grillen Sie 20 Minuten, aber das Vorglühen und die lange Zeit der nur langsam abnehmenden Hitze danach beläuft sich sicherlich auf zwei Stunden. Der Wirkungsgrad Ihres Kohlengrills ist demnach ziemlich mies. Die meiste Energie wird einfach ungenutzt an die Umgebung abgegeben. Der Wirkungsgrad zeigt uns also, ob ein Prozess effektiv ist oder ob viel wertvolle Energie verschwendet wird.

Leider ist es so, dass wir in jedem Schritt der Energietransformation einen Teil der Energie »verlieren«, der dann nicht wie gewollt genutzt werden kann. Der erste Schritt ist noch ganz gut, die Verbrennung mit anschließender Dampferzeugung. Wird dies schlau ausgelegt, können bis zu 95 % der im Brennstoff gebundenen Energie im Dampf gespeichert werden. Der Rest an Energie verlässt als heiße Luft den Schornstein. Katastrophale Verluste an Energie werden im nun folgenden Schritt erlitten. Der Wechsel zu Bewegungsenergie in der Turbine fordert Tribut, und zwar geht etwa die Hälfte an eingebrachter Energie flöten. Der Wirkungsgrad, der am Ende rauskommt, ist in unseren Energieerzeugungsanlagen relativ niedrig. Das heißt im Endeffekt: Strom ist echt teuer erkauft. Von 1 kg Kohle gehen mehr als die Hälfte, also 600 g, unterwegs verloren, und nur die Energie von 400 g Kohle ist dann als Strom verfügbar. Der Rest geht als Abwärme verloren und macht uns eigentlich noch mehr Probleme, vor allem, wenn die Kraftwerke durch Flusswasser gekühlt werden und folglich wärmeres Wasser wieder in die Flüsse geleitet wird. Es gibt demnach eine ganze Reihe an Randbedingungen, welche wir uns ansehen müssen, um die unterschiedlichen Energieerzeugungsanlagen vergleichen zu können.

Neben der CO_2-Bilanz und dem Wirkungsgrad kommt noch ein extrem wichtiger Faktor hinzu, den wir auf jeden Fall beachten müssen. Wir ziehen nun unseren Bilanzkreis wieder ein Stück weiter und stellen uns die Frage, wie viel Energie für die Produktion und auch Entsorgung dieser Anlagen benötigt wird. Damit lässt sich bestimmen, wie lange die Anlage in Betrieb sein muss, um überhaupt die eingesetzte Energie wieder rauszukriegen, also mehr zu erzeugen, als eingebracht wurde. So wird der Erntefaktor ermittelt. Auch wieder ein sehr nettes Wortspiel. Zuerst wird die Energie bestimmt, welche durch Bau und Entsorgung verbraucht wird. Anschließend wird dies ins Verhältnis zu der Energie gesetzt, die im gesamten Lebenszyklus überhaupt erzeugt werden kann. Nun haben wir alles, was wir brauchen, um einen Vergleich zu ziehen. Dabei möchte ich wieder auf meine Lieblinge zurückgreifen, auf die Bilanzkreise. Wir ziehen jetzt einen schönen, großen Kreis um die Kraftwerke und schauen uns einmal an, was rein- und wieder rausgeht. Lassen Sie uns die fossilen Kraftwerke in einem Gladiatorenkampf gegeneinander antreten. Liebe Umwelt, die Todgeweihten grüßen dich.

Let's start with coal. Die Stoffe, welche in einem Kohlekraftwerk aufgefressen werden, sind zum einen jede Menge Kohle und Luft für die Verbrennung. Zusätzlich wird noch etwas Kalk gebraucht, um den Schwefel aus den Abgasen rauszuziehen. Dabei entsteht Gips, der dann in der Bauindustrie weiterverwendet wird. Das ist es eigentlich schon. Raus kommen Strom und eine gigantische Menge an Abwärme, die entweder im Fluss landet oder über riesige Kühltürme an die Umgebung abgegeben wird. Dann hätten wir noch, wie gesagt, den Gips und zusätzliche Asche und Schlacke aus der Verbrennung. Diese Schlacke geht meist in den Straßenbau oder wird deponiert. Und natürlich unser Schreckgespenst, das CO_2, nebst Wasserdampf und Luft. Damit Sie einen Liter Wasser in Ihrem Wasserkocher auf 99 °C erhitzen können, braucht das Kraftwerk knapp 40 g Kohle. Das ist schon ein ganz schöner Brocken, wenn Sie diesen einmal in die Hand nehmen. Haben Sie sich das schon einmal bewusst gemacht? Jedes Mal, wenn wir den Wasserkocher anmachen, verpulvern wir einen kleinen Brocken Kohle von der Größe eines Eies. Ich finde das außergewöhnlich viel, zumal wir ja nicht nur Wasser kochen, sondern Energie für das ein oder andere verwenden. Gibt's irgendeinen Vorteil? Na ja, der Erntefaktor ist positiv und liegt mit 30 im soliden Mittelfeld. Im Lebenszyklus eines Kohlekraftwerks wird also 30-mal mehr Energie erzeugt, als durch dessen Bau und Rückbau verwendet werden muss. Immerhin.

**Die Wahl zur Miss CO_2
gewinnt ein Kohlekraftwerk
mit links mit sage und
schreibe 1000 Gramm CO
pro erzeugte Kilowattstunde.**

Wir leben schon in einer verrückten Welt, dass wir immer noch neue Kohlekraftwerke bauen. Aber gibt es überhaupt Technologien, die uns mittelfristig über Wasser halten können?

Moderne Gaskraftwerke, welche über Dampf und direkt befeuerte Gasturbinen Strom erzeugen, haben einen gigantischen Wirkungsgrad von 60 % und sind damit klar die Nummer eins in Bezug auf die Energieausbeute. In den Bilanzkreis gehen lediglich Gas und Luft. Auf der Austrittsseite wieder Strom mit wesentlich weniger Abwärme im Vergleich zum Kohlekraftwerk. Asche und Schlacken suchen Sie hier vergeblich. Im Endeffekt ist ein Gaskraftwerk eine recht saubere Sache, wäre da nicht dieses vermaledeite CO_2. Auch bei einem Gaskraftwerk wird logischerweise ziemlich viel Kohlendioxid erzeugt, dies liegt mit 500 g pro erzeugte Kilowattstunde jedoch nur halb so hoch wie bei dem durch Kohle erzeugten Strom. Das ist doch schon ein Schritt in die umweltfreundliche Richtung, obwohl der Erntefaktor auch nur bei 30 liegt. Wenn wir wieder unser Beispiel mit dem gekochten Wasser bemühen wollen: Für einen Liter warmes Wasser verbrauchen wir 12 g Erdgas. Das entspricht etwa dem Volumen eines Wassereimers.

»Mister Simpson, Sie arbeiten jetzt 20 Jahre in einem Nuklearkraftwerk. Nukular! Wie bitte? Das heißt Nukular. Nuku lar.«[12] Wie auch immer. Auch über das Nuklearkraftwerk müssen wir sprechen, denn ganz objektiv betrachtet bietet die auf Kernspaltung basierende Energieerzeugung einen gewaltigen Erntefaktor. Dieser liegt bei über 70. Die CO_2-Bilanz sieht recht gut aus. Klar, bei der Kernspaltung an sich entsteht kein CO_2, da nichts verbrannt wird. Dennoch gibt es eine CO_2-Emission, die durch den Bau und Rückbau entsteht. Hier schlagen etwa 30 g pro erzeugte Kilowattstunde zu Buche, und dies ist demnach mit dem CO_2-Ausstoß einer Windenergieanlage vergleichbar. Hätten Sie das vermutet? Ich nicht! Wenn ich mir überlege, wie viel Stahl und Beton in einem Atomkraftwerk verbaut sind. Aber es kommt eben eine ganze Menge Strom raus, und das nivelliert die CO_2-Bilanz.

Die große Bilanz um ein Atomkraftwerk mutet fast schon puristisch an. Uran geht rein, jede Menge Strom kommt raus. Zusätzlich die schon bekannte Abwärme. Vom Wirkungsgrad ist ein Atomkraftwerk mit einem Kohlenmeiler vergleichbar. Etwa 60 % der eingebrachten Energie werden als Abwärme abgegeben. Sie kennen sicherlich diese großen, Kilometer weit erkennbaren Kühltürme. In einem Kilo Uran steckt die Energie von 20.000 kg Kohle. Den Satz lasse ich einfach mal so stehen. Für unseren Liter Heißwasser werden demnach 0,002 g an Uran verbraucht. Das ist ja eher wenig. Tja, dann haben wir hier allerdings den Genickschuss des Atomkraftwerks. Den atomaren Abfall. Wie Ihnen bekannt sein dürfte, hat die Menschheit derzeit keine Idee, was mit diesen Abfällen passieren soll, die noch Jahrtausende tödliche Strahlung absondern. Hier ist Innovation gefragt, verbuddeln ist doch keine Lösung. Das können wir besser, oder? Wir wollen ja schließlich keinen dreiäugigen Fisch als Haustier. »Ich werde ihn Schwibbel-Schwabbel nennen und er wird mir gehören.«[13]

Neben diesem Atommüll muss mit einem weiteren Problem gekämpft werden, der Kernschmelze. Nun ist es leider so, dass die Kernspaltungsreaktion unter bestimmten Umständen nicht mehr gestoppt werden kann und sich das ganze Gefüge unkontrollierbar in den Boden frisst: der GAU, der größte anzunehmende Unfall. Und weil das anscheinend noch nicht genug Zerstörungskraft suggeriert, packen wir noch einen Superlativ davor. Den Super-GAU. Über Tschernobyl und Fukushima müssen wir nicht weiter reden. Allerdings muss man wissen, dass unsere Technik der Atomkraftwerke aus den 60er-Jahren stammt und seither wenig

Innovation erfahren hat. So richtig wissen wir gar nicht, ob es besser geht. Zumindest gibt es Ansätze, den bereits verbrauchten atomaren Müll noch weiter zu nutzen und noch mehr Energie herauszuziehen. Warum nicht? Bevor die Castoren einfach vor sich hin gammeln, ist doch der Ansatz, den Müll weiter zu nutzen und noch Energie herauszuziehen, alles andere als verwerflich.

Ich möchte Ihnen hier nur Denkanstöße geben, letztendlich müssen Sie aber für sich selbst entscheiden, was Sie über Kernkraft im Allgemeinen denken. Festhalten können wir jedoch, dass sich bezüglich CO_2 und Energieausbeute Atomkraftwerke im Top-Level bewegen. Dies erkaufen wir uns aber mit Folgen für Ihre Ururenkel und schädigen die Umwelt auf noch brutalere und nachhaltigere Weise. »In der Ewigkeit wird man sich unserer Taten erinnern.«[14] Es muss also was anderes her.

Als bliese ein Windhauch den alten Mief aus den Katakomben der fossilen und atomaren Gräber, greifen neue Technologien nach dem Thron. Als da wären Strom aus Wind, Wasser und Sonne. Den größten Erntefaktor hat dabei das Wasserkraftwerk. Dieser liegt bei deutlich über 30, also auf Platz 2 hinter dem Atomkraftwerk. Leider kann diese Technologie nicht überall und in jedem Land genutzt werden und wird daher den Stempel als Nischentechnologie kaum abschütteln können. Allerdings, und das müssen wir uns bei allen regenerativen Energien immer wieder vor Augen führen, wird hier auch deutlich CO_2 erzeugt. Das ist kaum bekannt. Bei der Stromerzeugung an sich wird keinerlei CO_2 erzeugt, das ist korrekt, aber wir müssen uns eben auch den gesamten Lebenszyklus der Anlagen ansehen. Wasserkraftwerke und Windkraftanlagen erzeugen in etwa gleich viel CO_2 pro Kilowattstunde wie ein Atomkraftwerk. Bei einem Wasserkraftwerk mag das an den aufwendigen und notwendigen baulichen Maßnahmen liegen.

Interessant sind sogenannte Speicherkraftwerke. In Situationen des Stromüberschusses wird Wasser in einen Speichersee gepumpt. Dieses Wasser kann dann zu einem späteren Zeitpunkt wieder durch die Turbine fließen und Strom erzeugen. Natürlich geht bei diesen Prozessen immer ein Stück an Energie »verloren«, aber immerhin ist dies eine Möglichkeit, um Überschussstrom zu nutzen.

Jeder spricht von Windstrom. Ist dieser nun wirklich so umweltfreundlich? Windkraftanlagen liegen mit Erntefaktoren von um die 15 deutlich im positiven Bereich. Und das beruhigt mich. Wenn Sie sich erinnern, hatte mein Professor mir den Samen des Zweifels eingepflanzt, dass sich regenerative Energien gar nicht rechnen und mehr Energie verschwenden als erzeugen. Und das war falsch, zumindest unter heutigen Gesichtspunkten. Als die Windkrafttechnologie allerdings noch in den Kinderschuhen steckte, war dies noch anders. Die aufwendigen Legierungen und der Stahlbau verbrauchten in der Tat große Mengen an Energie, und diese frühen Ergebnisse haben sich eingeprägt. Trotz allem ist die Energieausbeute dennoch nur halb so hoch wie zum Beispiel bei einem Gaskraftwerk. Auch für die Stromerzeugung aus Wind wird ein Wirkungsgrad angegeben, also der Unterschied zwischen der durch den Wind aufgenommenen Energie und jener, die als Strom aus den Anlagen herausfließt. Allerdings frage ich mich, wozu das bestimmt wird, denn schließlich ist der Wind eh da, ob jetzt 30 % oder 40 % genutzt werden, spielt doch keine Rolle. Viel wichtiger ist doch der Erntefaktor.

Auch ein Windrad hat einen CO_2-Ausstoß je Kilowattstunde erzeugter Strom. Hier wird die verbrauchte Menge an Energie durch den Bau und Abbau und die Verschrottung berücksichtigt. Beim Rückbau der Windkraftanlagen stehen wir aber vor einem ziemlich gigantischen Problem. Der wertvolle Schrott, wie etwa Kupfer, spielt hier keine Rolle, da dieser nur etwa 1 % ausmacht. Aber was soll mit den Rotorblättern, der Gondel und der riesigen Menge an Stahl und Beton geschehen? Dazu fallen noch Trafoöle, Hydraulik und Kühlflüssigkeiten an. Vor allem die Rotorblätter aus faserverstärktem Kunststoff oder Karbon sind Sondermüll und dürfen nicht deponiert werden. Hier muss massiv in Innovation für mögliches Recycling und auch in Recyclinganlagen an sich investiert werden, um auf einen grünen Zweig zu kommen.

Die durchschnittliche elektrische Leistung einer Anlage liegt bei etwa 3 bis 6 Megawatt (MW). Während ich dieses Buch schreibe, werden immer neue Rekorde und größere Windräder erfolgreich in Betrieb genommen. Was Professoren vor Jahren noch ausgeschlossen haben, ist mittlerweile Standard, und die Dinger werden immer noch größer. Zurzeit hat die weltweit größte Anlage eine elektrische Leistung von sage und schreibe 15 MW. Das ist grandios, aber wahrscheinlich auch schon wieder überholt, wenn Sie diese Zeilen lesen. Aber was bedeutet denn 15 MW elektrische Leistung? Bedienen wir uns doch wieder einmal des Beispiels mit dem Liter Wasser. Das derzeit größte Windrad muss lediglich 0,3 Sekunden drehen, damit Sie sich einen Liter heißen Tee kochen können. Oder anders ausgedrückt: Pro Sekunde könnten Sie 33 Liter Wasser zum Kochen bringen.

Von den regenerativen Energieformen mag die Photovoltaik die schwächste sein. Die Erntefaktoren sind äußerst gering, gerade einmal 3. Das ist nicht so richtig effektiv. Die Herstellung der Solarpanels ist energieaufwendig und bindet Rohstoffe. Mit diesem geringen Erntefaktor stellt sich zwangsläufig die Frage nach der Wirtschaftlichkeit. Der CO_2-Ausstoß eines produzierten Photovoltaik-Panels ist auch nicht gerade berauschend. Bis zu 100 g CO_2 pro erzeugte Kilowattstunde an Energie schädigt unser Klima. Das ist doppelt so viel wie bei Wind, Wasser und Atomstrom. Es gibt aber einen nicht zu unterschätzenden Vorteil dieser Technologie: Quasi jeder kann sich ein Solarpanel aufs Dach schrauben. Dadurch wird die Stromerzeugung dezentralisiert, das heißt, beim Verbraucher vor Ort erzeugt und gleich wieder verbraucht. Verluste in Stromleitungen sind daher ausgeschlossen, und die Erzeugung wird auf viele Schultern verteilt und nicht zentral durch ein Großkraftwerk realisiert. Schon cool. Als Faustformel können Sie von einem Kilowatt Strom pro 4 bis 5 m^2 Fläche ausgehen.

Ich weiß nicht, wie es Ihnen geht, wenn Sie diese Seiten lesen. Irgendwie ist das ja ganz nett mit unseren regenerativen Energieformen, aber wir kämpfen noch mit massiven Problemen. Von einem neuen Allheilmittel sind wir weit entfernt, und so richtig rund fühlt es sich nicht an. »Die Welt ist im Wandel. Ich spüre es im Wasser, ich spüre es in der Erde. Ich rieche es in der Luft.«[15] Und Schönberger, was ziehen Sie jetzt für ein Fazit? Na ja, die Menschheit muss so schnell wie möglich Kohlekraftwerke abschalten und als Übergangstechnologie verstärkt auf Gaskraftwerke mit höchsten Wirkungsgraden setzen.

Das hätte ich wohl gesagt, bevor Russland in die Ukraine einmarschiert ist und das komplette Energiesystem auf den Kopf gestellt hat. Hatte sich die Politik und die komplette Industrie in den letzten Jahren auf Erdgasverbrennung als Übergangstechnologie fokussiert, so sieht die Sache seit Anfang 2022 anders aus. Kurzfristig wird sicherlich Erdgas weiterhin der Energieträger Nummer eins sein, nun eben nicht mehr über Pipelines aus Russland, sondern über den Seeweg oder andere Pipelines importiert werden. Aber wir sind nun in der Post-Erdgas-Ära angelangt. Die Innovationen werden zunehmen, die regenerativen Energieformen wie Wind und Solar werden immer wichtiger werden, aber diese sind zu wankelmütig und leider vom lieben Wettergott abhängig. Zusätzlich kosten der Bau und Rückbau der Regenerativen einfach zu viel Energie, um uns effektiv in ein neues Zeitalter zu führen. Für die schnelle Bereitstellung von Spitzenlasten müssen daher flexible Kraftwerke genutzt werden. Und dafür braucht es einen Energiespeicher. Also etwas, das die Energie aus Wind und Solar speichert. Wenn wir Jahre in die Zukunft schauen, wird sicherlich ein Großteil des Stroms aus regenerativen Quellen bereitgestellt werden. Um aber auch Windstille und Winter zu überstehen, werden weiterhin große Kraftwerke gebaut, die in diesen Phasen den nötigen Strom liefern. Diese mögen dann 300 Tage im Jahr stillstehen, aber extrem wichtig für die restlichen Tage sein. In einer Übergangsphase werden dies sicherlich mit Erdgas befeuerte Kraftwerke sein. Mittelfristig oder jetzt vielleicht sogar viel schneller, als wir denken, wird der grüne Wasserstoff zünden und Erdgas ablösen. Und dann gibt es da noch etwas Verheißungsvolles …

KAPITEL 10

FIKTION ODER WIRKLICHKEIT?

Können Sie erraten, worum es in diesem Kapitel gehen soll? Ich gebe Ihnen mal ein paar Hinweise: Menschen aus dem alten China wollten mit Lärm den Drachen verscheuchen, wenn sie mal verschwunden war. Sie war das Letzte, was Neo aus der Matrix zu Gesicht bekam. Für sie wurde Stonehenge gebaut. Echnaton schaffte ihr zu Ehren alle ägyptischen Gottheiten ab. Die Sumerer nannten sie Utu, die Babylonier Schamasch, die Inka Iti. Ikarus konnte sie nicht leiden. In China steht sie als Symbol für Frühling und Männlichkeit. Sie ist eine Gottheit in allen antiken Völkern. Sie fährt mit einem Wagen über den Himmel, und an Ragnarök wird sie von einem Wolf verschlungen. Seit nun mehr als vier Milliarden Jahren bildet sie das Zentrum unseres, wie heißt das noch mal, ach ja, Sonnensystems.

Warum wird die SONNE seit Jahrtausenden von den Menschen verehrt? Die frühen Kulturen hatten eines begriffen – ohne die Sonne gibt es kein Leben auf diesem Planeten. Wenn das kein Grund ist, dieses Gestirn als Gottheit auszurufen! Im Laufe der Geschichte verlor die Sonne an Faszination, letztlich ist sie ja nur ein ganz kleines Licht in unserer Milchstraße, ganz zu schweigen von unserem Universum. Aber irgendwie hatten die alten Völker doch recht. Dieser Gasball am Himmel ist doch extrem faszinierend, und in der Tat, ohne diesen wären wir alle nicht am Leben. Irgendwie haben wir es geschafft, auf einem Planeten geboren zu werden mit genau der richtigen Entfernung zu einer Sonne und der richtigen Größe, um ziemlich freundliche Temperaturen auf der Oberfläche zu erzeugen. Wir haben sozusagen im Lotto des Universums gewonnen. Wir leben. Letztendlich können Sie sich die Sonne wie einen großen Luftballon vorstellen. Nur ist dieser nicht mit Luft, sondern mit Wasserstoff gefüllt. Ah, irgendwie kommen wir immer wieder auf den Wasserstoff zurück. Zufall?

Jetzt ist das einfach so unglaublich viel Wasserstoff auf einem Fleck, dass der Druck im Inneren unfassbare Ausmaße annimmt. Und jetzt passiert das Wunder. Die Wasserstoffatome wissen sich nicht weiterzuhelfen und verschmelzen zu Helium. Bei dieser Fusion entsteht Energie und nicht wenig, sondern mega, extrem krass, hyper, gigantomanisch, super viel Energie. In 1 g Wasserstoff steckt so viel Energie wie in einem riesigen 40-Tonner-Lkw voll Kohle. Wow … Seit Jahren versuchen wir die Sonnenenergie für uns nutzbar zu machen, durch Solarthermie und Photovoltaikanlagen. Okay, zugegeben, eher erfolglos, wenn man die geringe Ausbeute mit dem Potenzial vergleicht.

Es sei die Frage erlaubt, warum wir uns die »Technologie« der Sonne nicht auf die Erde holen, die Fusion.

In der Tat wird daran geforscht, es wird derzeit auch der erste Fusionsreaktor gebaut, der mehr Energie erzeugen soll, als er verbraucht. Und jauchzet und frohlocket. Im Jahre 2022 ist dies den Forschern tatsächlich gelungen. Die erste kleine Anlage mit positiver Energieausbeute läuft. War das der Quantensprung, den wir jetzt so dringend brauchen? Es wird allerdings noch einige Zeit vergehen, bevor das richtig losgeht. Die Technologie ist hochkomplex, denn wir können auf der Erde nicht den hohen Druck erzeugen, der in der Sonne zu einem Zünden der Fusion führt. Wir haben aber eine Chance durch einen niedrigeren Druck in Kombination mit extrem hohen Temperaturen. Der Wasserstoff geht dann in einen vierten Aggregatzustand über, das sogenannte Plasma. Da dieses Plasma so unfassbar heiß ist, wird es in ein Magnetfeld eingeschlossen, ohne jegliche Berührung mit einer Wand oder Ähnlichem. Damit das funktioniert, müssen die Magnete, die das Magnetfeld erzeugen, auf extreme minus 273 °C heruntergekühlt werden. Diese Kühlung und die Aufheizung des Plasmas benötigen eine Menge an Startenergie. Bisher ist es noch nicht gelungen, das Plasma lange genug stabil zu halten, um die Energiebilanz ins Positive zu führen. Aber wir stecken voll in der Entwicklung, und ich bin optimistisch, dass die Menschheit klug genug ist, eine Lösung zu erarbeiten. Dennoch bleibt die Fusion Zukunftsmusik, wenn auch eine schöne und befreiende. Diese Technologie hat das Potenzial, die fossilen Energieträger endgültig ins Reich der Ahnen zu verdammen. Fairerweise müssen Sie noch wissen, dass bei der Fusion ein geringer Teil an Radioaktivität entsteht. Die Abfälle wären jedoch um ein Vielfaches harmloser und kurzlebiger als bei herkömmlichen Kernspaltungsreaktoren. Der große Vorteil der Fusion ist die Unmöglichkeit einer unkontrollierbaren Kettenreaktion. Sollte, durch was auch immer, das Magnetfeld zusammenbrechen, würde das Plasma durch die Berührung mit den Reaktorwänden sofort so stark abgekühlt, dass die Reaktion stoppt. Das System ist demnach in sich sicher, was Kritiker hoffentlich gnädig stimmen wird. Die Fusion zeigt es ganz gut, wir müssen nach neuen Möglichkeiten der Energieerzeugung suchen. Das Althergebrachte infrage stellen und aus ganz anderen Blickwinkeln auf das Problem schielen.

Eine derartige Technik, die sich schon zur Marktreife entwickelt hat, ist die BRENNSTOFFZELLE. Stellen Sie sich vor, Sie fahren mit Ihrem Auto zur Tankstelle und tanken dort Wasserstoff. Der Wasserstoff wird nicht verbrannt, sondern in der Brennstoffzelle direkt in Strom umgewandelt. Diesen Strom lässt sich der Elektromotor schmecken. Sie fahren also ohne Emissionen und auch lange Strecken, Sie müssen weder lästige Akkus mitschleppen noch diese stundenlang aufladen. Der große Vorteil der Brennstoffzelle ist, dass einfach zwei Prozessschritte ausgelassen werden. Zum einen die Verbrennung und die Wandlung in kinetische Energie (die sich drehende Stange). Das ist doch mal elegant.

Die Wirkungsweise der Brennstoffzelle lässt sich gut mit einem Schulball vergleichen. Auf der einen Seite die Jungs, auf der anderen Seite die Mädchen. In der Mitte steht der Aufpasser, der die Jungs nur durchlässt, wenn diese positiv lächelnd die Mädchen zum Tanz auffordern. Die negativ gestimmten Mädels werden durch diese positive Ausstrahlung angezogen, und dann knistert es. Der Funke springt über, und man verlässt zusammen die lahme Party, ohne dabei ordentlich Energie im gemeinsamen Tanz abgegeben zu haben. Oder auf Fachchinesisch: Wasserstoff gibt ein Elektron an der Anode ab, wird dadurch positiv geladen und kann auf diese Weise eine Elektrolytmembran passieren. Auf der anderen Seite wartet Sauerstoff, welcher das Elektron über die Kathode aufnimmt und daher negativ geladen ist. Positiver Wasserstoff und negativer Sauerstoff verschmelzen, und es entsteht Wasser. Der Fluss der Elektronen über Anode und Kathode ist Strom, welcher genutzt werden kann.

Bitte entscheiden Sie selbst, welche Geschichte Ihnen besser gefällt.

KAPITEL 11

PINK MOON

Vielleicht können Sie sich noch an die Werbung eines deutschen Autobauers mit zwei Buchstaben erinnern. Zwei junge Pärchen fahren im offenen Cabrio durch die laue Sommernacht. Romantisch hoch zehn, es ist Vollmond und die Glühwürmchen leuchten. Dazu die sphärischen Gitarrenklänge von Nick Drakes Pink Moon und die unausgesprochene Erwartungsspannung, was nach der Fahrt alles passieren könnte. Das ist vielleicht eine der besten Autowerbungen, die ich kenne. Wenn Sie Zeit haben, schauen Sie sich den kurzen Clip unbedingt an. Warum? Weil hier in Perfektion mit den Emotionen der Betrachter gespielt wird. Welcher Mann möchte nicht im offenen Cabrio durch eine mondbeleuchtete Nacht fahren, eine wunderschöne Frau an seiner Seite, die durch die Glühwürmchen verzaubert ist. Gut, etwas kitschig, aber durchaus wirkungsvoll. Ja, die Emotionen. Und dann noch der finale Satz der Werbung mit »drivers wanted«. Perfekt.

Es gibt wohl wenig, das bei uns Deutschen so viel Emotion erzeugt wie das Auto. Sei es ein mögliches Tempolimit auf den Autobahnen, die Pkw-Maut oder der Dieselskandal. Einen Sportwagen verkaufen Sie nicht mit technischen Spezifikationen, sondern mit Emotionen. So ist es nicht verwunderlich, dass auch das Elektroauto sehr emotional kontrovers diskutiert wird. Es gibt Befürworter und Hater und viele, die gar keine Meinung haben. Daher möchte ich nun einmal objektiv die verschiedenen Antriebsmöglichkeiten unserer liebsten Spielzeuge gegenüberstellen. Und dann kaufe ich mir ein Cabrio.

Wenn ich Sie nachts um drei wecken würde und Ihnen eine für diese Uhrzeit angemessene Frage hinsichtlich des umweltfreundlichsten Automobils stellen würde, wäre Ihr erster Impuls sicherlich, »Elektroauto – und mach, dass du wegkommst« zu antworten. Dann müsste ich Sie leider nochmals wecken und Ihnen das folgende differenzierte Bild erklären, denn so einfach ist die Beantwortung gar nicht, wenngleich spannend. Auf jeden Fall etwas Schlafmangel wert. Ich finde das ja putzig, wie diese Elektroautos an einem vorbeifahren, vor allem mit diesem spacigen Geräusch. Das haben Sie sicherlich schon einmal gehört. Da der Elektromotor kein Geräusch erzeugt, wäre dies bei niedrigen Geschwindigkeiten für die Fußgänger gefährlich. Hier hat man aus der Vergangenheit gelernt. Als Pferdekutschen und Straßenbahnen in den Städten modern wurden, musste sich der Fußgänger erst daran gewöhnen. Diese Gewöhnungszeit forderte einigen Tribut an überrollten Stadtbewohnern. Daher ist nun in neuen Elektroautos das AVAS-System (Acoustic Vehicle Alerting) am Start, welches das Anfahr- und Abbremsgeräusch eines Verbrennungsmotors simuliert. Ab einer Geschwindigkeit von 25 km/h überwiegen dann wiederum die Rollgeräusche der Reifen, und das AVAS kann abschalten.

Der Bilanzkreis um das Elektroauto ist recht elegant, Strom aus der Steckdose verwandelt sich auf leise und effiziente Weise in Antriebsleistung. Und das meine ich ohne jeglichen sarkastischen Unterton. Der Elektromotor weist unglaubliche Wirkungsgrade von über 90 % auf. Das heißt, fast der komplette Strom kann in Antriebsleistung umgesetzt werden. Und das ist außergewöhnlich, lediglich ein kleiner Anteil an Energie geht als Abwärme verloren. Ein

Elektroauto benötigt keinen Auspuff, es entstehen keinerlei Abgase bei dessen Betrieb, kein Feinstaub, kein klimaschädliches CO_2 oder NO_2. Also ziehen wir den Bilanzkreis wieder etwas weiter und nehmen die Stromerzeugung und die Herstellung des Autos in unsere Betrachtungsweise mit auf. Und hier wird es interessant. Beginnen wir zuerst mit der Stromerzeugung, also dem Strom, mit dem das Auto dann fährt. Diese Strom-Bereitstellung beeinflusst massiv die CO_2-Bilanz. Letztendlich ist hier Ihr genutzter Stromanbieter der alles entscheidende Faktor: also mit welcher Technologie Ihr Strom erzeugt wird. Vorbildlich sind Sie natürlich unterwegs, sofern Sie Ihr Elektroauto mit Strom aus regenerativen Quellen betanken, obwohl wir ja bereits gelernt haben, dass hier ebenfalls CO_2 anfällt. Jedoch haben Sie schon eine Menge richtig gemacht, wenn Ihr Strom aus Wind, Wasser oder Sonne erzeugt wird.

Richtig übel und einfach sinnlos wird ein Elektroauto, wenn Sie dieses mit Strom aus Kohle oder anderen Fossilen aufladen, denn dann können Sie sich die ganze Geschichte sparen.

In diesem Fall verlagern Sie nur die CO_2-Erzeugung von der Straße hin zu den Kraftwerken. All jene, die einen billigen Strom mit einem Kohletarif besitzen und gleichzeitig ein Elektroauto fahren, betreiben damit ein super Greenwashing. Nur leider hat die Umwelt nichts davon. Es gibt nun diverse Studien,[16] die den deutschen Strommix als Vergleichsgrundlage zum Verbrenner heranziehen. Und hier sieht es natürlich freundlicher aus, da im Mix bereits eine nennenswerte Menge an Strom aus regenerativen Quellen enthalten ist. Aber selbst mit der Berücksichtigung dieser Strommischung ist der eigentliche Unterschied zwischen Elektro- und Verbrenner-Fahrzeug gar nicht so groß, wie man vielleicht vermuten könnte. Im Jahre 2020 erzeugte ein Elektrofahrzeug etwa 30 % weniger CO_2-Emissionen als ein Benziner. Das ist recht wenig. Woran mag das denn liegen? Ist das allein auf die Strombereitstellung zurückzuführen? Wenn wir Verbrenner-Fahrzeuge mit einem E-Auto vergleichen, so stellen wir zuerst einmal fest, dass die Herstellung des Basis-Fahrzeugs aller Autotypen gleich viele klimaschädliche Abgase erzeugt. Über den Lebenszyklus betrachtet ist ebenfalls die Summe aus Wartungsemissionen und Schadstoffen aus der Entsorgung in etwa gleich. Das Elektroauto hat zwar weniger Wartung, da weniger verschleißt, aber die Entsorgung und Aufbereitung der Akkus verbraucht mehr Energie. Hier sei auch noch angemerkt, dass die Entsorgung und Aufbereitung der Akkus noch ein großes Thema sein wird. Hier fehlt einfach die Langzeiterfahrung. Auch wissen wir nicht wirklich, wie lange die Akkus wirklich halten etc.

Der Verbrenner erzeugt die meisten CO_2-Emissionen natürlich beim Betrieb, da ja Diesel, Benzin oder auch Erdgas verbrannt werden, um das Auto anzutreiben. Ich vermute auch einmal, dass sich zumindest die Erdgas-Thematik als Antriebs-Kraftstoff langfristig erledigt hat. Vergleichen wir wiederum diese drei Verbrenner untereinander, so steht der Benziner tatsächlich am schlechtesten da. Hier wird die größte Menge an klimaschädlichen Abgasen pro Fahrzeugkilometer erzeugt. Ein Diesel ist da schon rund 10–15 % besser, das Erdgas-Auto auch nochmals ein ganz klein wenig besser. Vergleicht man nun einen rein elektrischen Pkw mit einem Benziner, so ist das E-Auto nur, und ich betone hier das NUR, 30 % besser. Heißt aber auch, dass der mit Diesel angetriebene Pkw über die gesamte Lebensdauer des Fahrzeugs nur eine geringfügig schlechtere CO_2-Bilanz als das E-Auto aufweist. Neben der Strombereitstellung vermasselt hauptsächlich die Akku-Herstellung die CO_2-Bilanz beim Elektroauto, welche mit guten 20 % der Gesamtschädlichkeit zu Buche schlägt. Nur 15–20 % besser als ein Diesel sind jetzt nicht die große Offenbarung für das E-Auto, wie ich meine. Aber prüfen wir weiter. Bisher haben wir ja nur den rein elektrischen angesehen, aber wie sieht es eigentlich mit Hybrid-Fahrzeugen aus, die neben einem Benzinmotor auch noch einen Elektroantrieb besitzen? Vielleicht können Sie sich schon denken, dass das Hybrid-Auto der Verlierer ist. Ein Hybrid erzeugt mehr CO_2 als ein Gas-Auto und wirklich nur marginal weniger als ein Diesel. Das Fazit für mich, ein Hybrid lohnt sich momentan wirklich überhaupt nicht.

Also wir halten fest: Platz 1 der klimafreundlichsten Autos belegt trotz allem das reine Elektroauto. Platz 2 schnappt sich der mit Erdgas angetriebene Pkw, und Platz 3 sichert sich mit einem Fotofinish der Hybrid. Obwohl hier wirklich nochmals der knappe Abstand zum Diesel betont werden muss.

Wer einen Hybrid-Wagen fährt mit der Intention, etwas Gutes für die Umwelt zu tun, lügt sich leider selbst in die Tasche.

Aber wie sieht das in der Zukunft aus? Nehmen wir einmal an, dass sich bei der Effizienz von Verbrennungsmotoren nicht mehr viel tun wird, so lange wird es die ja auch nicht mehr geben. Auf der anderen Seite stecken wir mit den Elektroantrieben noch in den Kinderschuhen. Der Motor an sich wird sich kaum verbessern, der ist schon megagut, aber sowohl die Strombereitstellung als auch die Akku-Herstellung werden nennenswerte Fortschritte erzielen. Die Speicherung von Energie, nennen wir es einmal so, wird das ganze Spiel entscheiden. Ist hier der Akku die beste Wahl? Ich weiß es nicht. Gibt es genug Seltene Erden auf der Welt, um den massiven Bedarf für die Akku-Herstellung zu decken? Auch das weiß ich nicht. Also wie könnte man Energie noch speichern? Vielleicht kann uns auch hier wieder der Wasserstoff helfen und in der Kombination mit Brennstoffzelle und Elektromotor den Knoten lösen.

Ist das nicht eine spannende Zeit, in der wir leben? Wer hätte letztes Jahr gedacht, dass sich das jetzige Jahr so entwickelt. Wer weiß daher schon, was in fünf oder zehn Jahren hier alles möglich sein wird. Eines ist jedoch sicher, je mehr Strom aus regenerativen Energien kommt, desto eher lohnt sich das Elektroauto hinsichtlich CO_2-Emissionen. In den nächsten Jahren wird sich der Unterschied zu den Verbrennern immer deutlicher verbessern. Auf der anderen Seite muss man aber auch bedenken, dass Deutschland bei der Nutzung von Regenerativen sehr weit vorn liegt. Wenn Sie nun ein Elektroauto in Asien betanken, haben Sie der Umwelt keinen Gefallen getan, im Gegenteil.

Jetzt haben wir eine Menge Grundlagen über Energie im Allgemeinen gelernt. Und wahrscheinlich fragen Sie sich, was Sie mit diesem neu erlangten Wissen denn nun anfangen sollen. Vielleicht war es auch ein wenig anstrengend zu lesen, aber Sie haben Vortreffliches geleistet und Ihr bewusstes und unterbewusstes Denken wird über das ganze Thema etwas anders sein als vorher. Sie haben sozusagen jetzt das Fundament gelegt, und nun geht es richtig los. Lassen Sie uns in die Praxis einsteigen und uns unsere unterschiedlichsten Lebensbereiche näher ansehen. Wo können wir alle und im Speziellen Sie selbst am einfachsten und effektivsten Energie sparen? Eine große Frage, der wir uns stellen müssen. Das Wunderbare ist, dass die Antwort auf diese Frage bei jedem von uns anders lautet. Und das ist ungemein spannend. Ich hoffe, Sie können etwas Inspiration aus den folgenden Seiten ziehen. Mir hat es auf jeden Fall enormen Spaß bereitet, diese zu schreiben. Ich wünsche Ihnen daher viel Vergnügen beim Lesen des folgenden Teils.

TEIL 2

BEWAHREN

KAPITEL 12

MEIN UNFALL, WAS FÜR EINE CHANCE

Ich habe eine Aufgabe für Sie: Schauen Sie bitte einmal aus dem Fenster. Ich wette mit Ihnen, dass Sie mindestens einen Baum sehen werden. Ist es nicht wunderschön, wie die Äste sich im Wind bewegen, dieses grandiose Licht- und Schattenspiel und erst dieses leise, entspannende Rauschen. Einfach herrlich. Im Sommer wird dieser Baum Zigtausende von Blättern haben, etwa 10 kg Zucker pro Tag erzeugen und beiläufig auch noch genug Sauerstoff für zehn Menschen ausatmen. Und jetzt möchte ich, dass Sie diesem Baum danken, und wenn Ihnen egal ist, was die Nachbarn denken, gehen Sie jetzt raus und geben dem Baum eine feste Umarmung.

Warum? Ich finde, wir nehmen heute viel zu viel als Selbstverständlichkeit hin und schätzen diese Wunder einfach zu wenig. Oft fehlt uns die Demut, um das Fantastische in unserem Alltag zu erkennen. Wie schön ist es, an einem Sommermorgen barfuß durchs taunasse Gras zu gehen oder den Duft einer frisch aufgeblühten Rose zu schnuppern. Und es kann von einem auf den anderen Moment vorbei sein.

So lag ich also vor einigen Jahren im Schnee. Das eine Bein ausgerenkt und gebrochen. Und da war dieser Moment, auf einmal war alles anders. Denn als ich da auf dem Boden lag, war mir sofort klar, heute Abend wirst du nicht zu deiner kleinen Tochter nach Hause fahren. Und so langsam dämmerte mir, dass ich auf absehbare Zeit nicht mehr laufen würde können. Unter höllischen Schmerzen wurde ich den Berg heruntertransportiert und zur Erstversorgung gebracht. Glücklicherweise konnte mein Knie unter Vollnarkose schnell wieder eingerenkt werden, aber der zertrümmerte Schienbeinkopf war so instabil, dass das Knie nochmals ausrenkte, als ich geröntgt werden sollte. Die erste OP kam in der ersten Nacht. Mir wurden externe Metallstreben ins Bein gehämmert, um das Bein zu stabilisieren. Im Nachhinein wurde mir mittgeteilt, dass ich noch Glück hatte, denn oft reißen bei diesen Knieausrenkungen auch noch die Arterien mit, und dann wird's schnell lebensgefährlich. Tage später wurde ich zum zweiten Mal operiert und bekam eine erquickliche Anzahl an Schrauben und Platten ins Knie. Die Ansage lautete: Drei Monate keinerlei Belastung, und ich werde wohl mit Schmerzen und Einschränkungen leben müssen. Das war ein Schock. Warum nur hatte mich das getroffen?

Nach einiger Zeit suchte ich dann die Antwort auf die Frage: Was hat dieser Unfall Gutes? Was kann ich von diesem Ereignis lernen? Ich weigerte mich, mich in Selbstmitleid zu suhlen, und nutzte die Zeit, um nachzudenken. Mein größter Wunsch war, wieder laufen zu können. Vor Kurzem war das so alltäglich gewesen. Man steht einfach auf und läuft los. Aber es ist nicht alltäglich, es ist ein Wunder, das unfassbare Anstrengung und Schmerzen erfordert, um es wiederzuerlangen. Ich konnte mir das vor meinem Unfall nicht vorstellen, und diese Erkenntnis traf mich mit voller Wucht und machte mich demütig. Wenn diese Wunder von jetzt auf gleich nicht mehr da sind, erkennen wir erst, was es doch für Wunder sind. Und so verhält es sich doch letztendlich auch mit unserem Planeten. Wir haben halt, auf absehbare Zeit zumindest, nur diesen einen, und die Menschheit tut derzeit vieles, um dieses unfassbare Wunder zu zerstören. Oft erkennen wir dies nicht, da es für uns alltäglich geworden ist. Wir akzeptieren Überschwemmungen, Dürreperioden und Pandemien, die Abholzung des Regenwalds, das Abschmelzen der Polkappen und Gletscher und die Ausbeutung des Allerwichtigsten: unserer Mutter Erde.

Lassen Sie uns gemeinsam häufiger mal innehalten und unseren Planeten in Demut bewundern, einfach dankbar sein. Das würde ich mir wünschen.

Letztlich liegt es an uns, unser Verhalten, sei es auch nur ein ganz klein wenig, so zu ändern, dass wir die Welt ein klein wenig besser machen. Über das Warum und die technischen Hintergründe haben wir ausführlich in Teil 1 des Buches gesprochen. All das soll für Sie das Fundament bilden, damit Sie für sich eine möglichst differenzierte Antwort finden. Im folgenden Teil soll es darum gehen, systematisch Energie einzusparen und damit auch Ihren persönlichen CO_2-Fußabdruck zu reduzieren. Dafür ermitteln wir zuallererst Ihren Status quo. Wo stehen Sie zurzeit? Haben Sie über das Thema überhaupt schon nachgedacht, oder sind Sie vielleicht sogar schon Selbstversorger? Ich habe einen kleinen Test für Sie vorbereitet. Nehmen Sie die Challenge an, diesen einmal auszufüllen?

Es ist immer gut, wenn wir unser eigenes Verhalten reflektieren, und wenn Sie schon immer einmal wissen wollten, welcher Nachhaltigkeitssuperheld Sie eigentlich sind, dann sollten Sie das Buch nun kurz zur Seite legen, den QR-Code einscannen und Spaß haben. Ich bin gespannt, ob Sie Iron Bull, Captain Whale, Dr. Bird oder vielleicht doch Green Algea sein könnten. Haben Sie es auch wirklich gemacht? Tun Sie es, es gibt keine richtigen oder falschen Antworten. Denn wir werden in diesem Teil ja vieles über ein systematisches Energiesparen lernen, das wirklich jeder umsetzen kann.

Und vor allem unser Mindset wird sich ändern. Sind Sie auch so gespannt wie ich?

KAPITEL 13

WÄRE DA BLOSS NICHT DER BELOHNUNGSAUFSCHUB

Folgende Geschichte erzähle ich immer recht gerne, weil sie doch sehr skurril und zugleich witzig ist. Mir hat jedoch immer ein Learning gefehlt – es war einfach nur eine nette Geschichte. Vor Kurzem habe ich diese einem guten Freund und Psychologen erzählt, und er kam wie aus der Pistole geschossen mit einer Erklärung. Diese fügt sich so wunderbar in unser Puzzle zum nachhaltigeren Leben, dass ich diese Geschichte nun voller Stolz mit einem Learning erzählen kann.

Vor einigen Jahren habe ich mit meiner Frau eine Reise durch Südostasien unternommen. Ein Stopp führte uns natürlich auch nach Bangkok, diese Stadt sog uns auf und zog uns in ihren Bann. Es gibt da ein schönes Zitat aus einem der Hangover-Filme: »Bangkok hat ihn.«[17] Bei uns war zum Glück alles positiv, und wir sind ohne Tattoo oder Affen wieder abgereist. Neben den obligatorischen Tempel-Besichtigungen und der Limo in der Tüte wollten wir auch einen kleinen Bootsausflug auf dem Chayo Praya unternehmen, der Bangkok wie eine gewundene und wütende Schlange durchzieht und schließlich weiter südlich in den Golf von Thailand mündet. Wer schon einmal in Bangkok unterwegs war, der kennt und schätzt das Streetfood. Die Erinnerung an die Gerüche nach Currypaste und Gegrilltem lassen mir selbst nach Jahren immer noch das Wasser im Munde zusammenlaufen. Einfach genial.

Wir waren an diesem Tag mit einer kleinen Gruppe unterwegs und hatten uns zu Mittag ordentlich gestärkt, bevor wir nun zum Chayo Praya aufbrachen. Bevor wir an Bord des kleinen Bootes stiegen, kam der einheimische Skipper zu uns und stopfte jedem von uns ein kleines weiches Brötchen in die Hand. Unser Bootsführer war relativ wortkarg und verschwand nach der Verteilung dieses Begrüßungsbrötchens wieder auf dem Schiff. Diese simple Geste verunsicherte die Reisegruppe. Was sollte man denn mit so einem Weichgebäck anfangen? Und nun passierte etwas Faszinierendes. Viele konnten sich keinen Reim darauf machen und steckten das Ding zunächst ein, aber es gab einige, die voller Freude und mit Appetit reinbissen. »Mmh, ein Brötchen«, hörte ich schmatzend. Ich schaute auf mein Brötchen, das doch schon bessere und frischere Tage gesehen hatte, und dachte mir: Was auch immer wir damit machen sollen, aber bestimmt nicht essen. Also packte ich es in meine Tasche, und überhaupt war ich ja satt.

Also fuhren wir los, eine zweigeteilte Gruppe, die Hälfte mit und die andere ohne Teigklumpen. Eine Stadt vom Wasser aus zu entdecken, macht schon was her, und ich kann das jedem nur empfehlen. Und so genossen wir den leichten Fahrtwind, der die stickige Schwüle etwas erträglicher machte. Nach einiger Zeit stoppte unser Kapitän das Boot, und wahrscheinlich haben Sie schon längst erraten, wozu wir die Brötchen bekommen hatten. Lassen Sie es uns auf drei gemeinsam sagen, also: eins, zwei, drei: Fischfutter. Ja ganz genau, Fischfutter. Im Chayo Praya leben riesige Welse, und diese lassen sich natürlich wunderbar mit Futter anlocken. Als das Boot gestoppt hatte, kam der Skipper zu uns, zeigte aufs Wasser und machte so eine typische Handbewegung (»Welches Schweinderl hättens denn gern?«[18]), die erkennen ließ, dass man Teile des Brötchens abreißen und ins Wasser werfen sollte. Den Gesichtsausdruck von jenen mit Brötchen im Bauch, als die Erkenntnis einschlug, werde ich nie vergessen. Aber die Gesättigten hatten Humor und mussten herzlich lachen. Und unser Skipper freute sich, da er dachte, wir würden uns alle so über diese Fische freuen. In der Tat waren die Fische auch wirklich krass groß und hungrig. Das ist doch eine nette Geschichte über Missverständnisse auf Reisen, oder? »Aber was können wir daraus lernen?«, fragte ich meinen Freund. BELOHNUNGSAUFSCHUB war die Antwort, die er mir sofort entgegenfeuerte. »Viele Menschen können nur unter enormer Kraftanstrengung eine Belohnung aufschieben.« Wow, was für eine kluge Erklärung.

Vielleicht erinnern Sie sich an die Werbung mit diesen großen Schokoladeneiern mit Spielzeug. Die Kinder erhielten ein Ei mit der Ansage: Wenn ihr es schafft, zehn Minuten zu warten, ohne das Ei aufzumachen, bekommt ihr ein zweites. Daraufhin sah man die gequälten Gesichter der Kinder, die versuchten, der Versuchung zu widerstehen. Einige wenige schafften es und wurden belohnt, aber viele mussten einfach das Ei aufreißen und sofort genießen. Da wir alle große Kinder sind, ist es nicht verwunderlich, dass es auch uns extrem schwerfällt, uns selbst etwas vorzuenthalten, den Genuss und die Befriedigung aufzuschieben, sich jetzt zu kasteien mit der vagen Hoffnung auf mittelfristige Belohnung. Unsere derzeitige Konsumkultur hat uns dazu gemacht, oder auch andersherum, das weiß ich nicht.

Aber seien wir doch ehrlich: Jeder Wunsch, der unser Gehirn flutet, muss möglichst sofort erfüllt werden.

Es ist aber auch so derart einfach geworden, mit Konsumkrediten und Ratenzahlungen. Ein Belohnungsaufschub findet eigentlich gar nicht mehr statt. Wir sind fast bei des Pudels Kern angelangt, und gleich wird diese ganze Geschichte einen fundamentalen Nachhaltigkeitssinn erfahren. Überlegen Sie doch mal, ist nicht der Belohnungsaufschub das grundsätzliche Problem von allem nachhaltigen, umwelt- und klimafreundlichen Handeln? Herzlichen Dank an meinen Freund Matthias Giehl, der mir hier wirklich einen Knoten gelöst hat. Wenn wir zum Beispiel darauf verzichten, mit dem Flugzeug von Hamburg nach München zu fliegen und stattdessen den Zug nehmen, haben wir supernachhaltig gehandelt. Aber erhalten wir deswegen eine Belohnung? Weit gefehlt, die Belohnung liegt nämlich in der Zukunft, genauer gesagt in der Zukunft unserer Kinder und Enkel. Die Belohnung, die Sie erhalten, besteht darin, dass Ihre Nachfahren nicht erbärmlich vor Hunger und Hitze verrecken.

Aber davon spüren Sie natürlich während Ihres jetzigen Verhaltens noch nichts. Dennoch sollte das eine starke Motivation sein. Wir zahlen sozusagen jetzt auf ein Konto ein, von dem erst unsere Kinder wieder abheben können. Die Frage ist nur, ob das Konto positive oder negative Deckung aufweisen wird. In Mittelmeerraum gibt es ein nettes Sprichwort: »Einen Olivenbaum pflanzt man für seine Enkel.« Andersherum verhält es sich nämlich ganz genauso. Ein Typ, der jetzt mit einem Pick-up durch die Innenstadt brettert, wird ja auch nicht bestraft. Vielleicht bekommt er mal einen Kratzer in die Tür gemacht von einem übermotivierten Umweltschützer, aber das war's dann auch schon.

Es gibt sozusagen einen Bestrafungsaufschub. Keine Ahnung, ob es dieses Wort in der Psychologie gibt, aber ich finde, es passt ganz gut. Warum sollte jemand sein Verhalten ändern, wenn er doch erst in 30 Jahren mit den Konsequenzen konfrontiert wird? Das ist ihm doch völlig schnuppe. Also wir haben zwei Probleme, die uns ein klimafreundliches Leben erschweren: der Belohnungs- und der Bestrafungsaufschub.

In all unserem alltäglichen Tun müssen wir uns also immer daran erinnern, dass wir mit unserem Verhalten die Zukunft beeinflussen. Allein dies mag für viele Menschen zu abstrakt sein. Die Folgen des Klimawandels sind regelrecht bizarr, vielleicht auch manchmal zu massiv angsteinflößend dargestellt. Das birgt die Gefahr des Abstumpfens und Ignorierens. Es muss einen Weg geben, der einfach ist und am besten ohne viel Zutun eine nachhaltige Lebensweise ermöglicht. Wir brauchen also ein System. Ein System, das den Erfolg vom Zufall befreit und am besten noch automatisch das bestmögliche Ergebnis hervorbringt. Mal sehen, ob wir das zusammen hinbekommen.

Zunächst möchte ich aber noch eine kleine Vorüberlegung mit Ihnen teilen. Vielleicht kennen Sie ja das Gesetz nach Pareto. Dies besagt, dass eigentlich alles nach dem Verhältnis 80 zu 20 aufgeteilt werden kann. Nehmen Sie sich ein Ziel vor, dann besagt diese Regel, dass Sie 80 % des Ergebnisses in 20 % der Zeit erzielen können. Für die restlichen 20 % des Ziels brauchen Sie dann jedoch 80 % der

Zeit. Wenn Sie beispielsweise Skifahren lernen wollen, dann kommen Sie nach einer Woche üben schon ganz passabel den Berg hinunter. Bis Sie dann allerdings den Fersenschwung richtig beherrschen und mit allen verschiedenen Schneearten umgehen können, vergehen Jahre des Übens. Das ist Pareto.

Es ist tatsächlich so, dass viele erfolgreiche Menschen nach diesem Grundsatz ausgerichtet sind, die 80 % mit 20 % des Aufwands zu erreichen, indem sie sich nur auf Aufgaben konzentrieren, die auf die 80 % abzielen. Diese Menschen verzichten bewusst darauf, die 100 % vollzumachen, da die gesparte Zeit viel besser in andere Projekte investiert werden kann. Perfektionisten mögen jetzt die Haare zu Berge stehen, aber sind wir doch mal ehrlich: Wie oft verlieren wir uns zu sehr im Detail, ohne dass das Endergebnis merklich besser wird. Ja, okay, es nicht perfekt, aber das muss es ja auch gar nicht sein. Perfektion ist eh eine Illusion. Interessant ist jetzt auch, dass das Pareto-Prinzip auch innerhalb von Pareto funktioniert. Für die 80 % brauche ich 20 % der Zeit. Für 80 % von 80 % brauche ich wiederum auch nur 20 % von 20 %. Das heißt, ich kann 64 % meines Ergebnisses bereits mit 4 % des Aufwands erreichen. Und das ist doch enorm.

Und jetzt transferieren wir diesen Gedanken auf den Wunsch, nachhaltiger zu leben. Mein Tipp: Lassen Sie uns auch hier gemeinsam nach Pareto vorgehen. Bevor Sie beginnen, einen Lebensbereich meganachhaltig auszurichten, bedenken Sie, wie viel Kraft, Anstrengung und Zeit es Sie kosten wird, diesen einen Lebensbereich zu perfektionieren. Es wäre doch viel klüger, wenn wir uns mehrere Bereiche herauspicken und uns dort in Richtung 80 % des maximal Möglichen entwickeln. Dieses Vorgehen wäre erstens für Sie wesentlich angenehmer und schneller zu erzielen, und zweitens: Die Umwelt freut sich auch, denn 5 mal 80 % sind weitaus mehr als einmal 100 %. Jeder von uns hat ein einzigartiges Leben, was die Interaktionen mit Menschen, das Reisen und den Konsum betrifft. Daher ist es schlicht unmöglich, den einen Nachhaltigkeits-Masterplan zu erstellen. Aber wir werden in unserem System nun Schritt für Schritt die verschiedenen Lebensbereiche durchgehen. Und dabei möchte ich Sie ermutigen, sich Ihre Big Five auszusuchen und in diesen Bereichen zu handeln. Wenn wir nach Pareto vorgehen, wird es auch verdammt viel Spaß machen, da wir schnell Ergebnisse erzielen und uns nicht in Details verlieren.

Wie das alles geht, das schauen wir uns jetzt an.

KAPITEL 14

PROFISPORTLER SIND GUTE LEHRMEISTER

Wenn Sie Profisportler genau beobachten, können Sie eine Menge über Mindset und Disziplin lernen. So lag ich eines sonntagnachmittags auf meinem weichen Sofa und schaute mir die Olympischen Spiele im Fernsehen an. Im Prinzip ja schon ironisch, dass man selbst bewegungslos vorm Fernseher liegt und anderen wohlgeformten, athletischen Menschen dabei zusieht, wie diese sportliche Höchstleistungen vollbringen. Aber gut, darüber reden wir jetzt nicht. Vielmehr faszinierte mich die Sportart, die gerade lief, das Hürdenlaufen der Frauen, und zwar nicht das Rennen an sich, sondern die Vorbereitung darauf.

Wenn man die Sportlerinnen genau beobachtete, merkte man, dass diese im Kopf ein Programm abspulten, welches hundertmal zuvor einstudiert worden war. Jeder Schritt, jeder Sprung wurde im Kopf visualisiert, jedes Stolpern ausgeblendet. Unfassbare Konzentration und, jetzt kommt das Entscheidende, 100%iger Fokus auf die kommende Hürde. Nicht auf die dritte oder vierte, sondern immer nur auf die nächste. Wurde diese eine übersprungen, 100 % Kraft auf die kommende. Und davon können wir, wenn wir nachhaltig leben wollen, extrem viel lernen. Denn auch wir müssen ein paar Hürden überspringen, und das in der richtigen Reihenfolge und mit dem korrekten Anlauf und entsprechendem

Willen. Ansonsten stolpern wir durch den Parcours und laufen am Ende vielleicht sogar rückwärts.

Die ersten Hürden haben viel mit dem eigenen Problemverständnis zu tun. Konkret können wir die erste Hürde überspringen, wenn wir verstanden haben, dass es generell ein Umwelt- und Klimaproblem gibt. Ich vermute einmal, dass Sie das schon wissen, denn sonst hätten Sie dieses Buch nicht gekauft. Zumindest haben Sie einiges im ersten Teil dieses Buches gelernt, deswegen würde ich behaupten: Yes, die erste Hürde haben Sie gemeistert. Ohne diese Hürde geht es nämlich nicht weiter. Das Nächste, was wir besprechen müssen, ist, dass Sie erkennen, dass Sie sowohl Teil des Problems sind, aber – und das ist entscheidend – auch Teil der Lösung sein müssen. Wir müssen sozusagen in unserem Gehirn einen Schalter umlegen und bewusst sagen: »Ja, ich möchte nachhaltiger leben, ich tue das für meine Kinder und Kindeskinder, und ich weiß, dass mein Beitrag wertvoll ist.« Auch bei dieser Hürde würde ich vermuten, dass Sie diese spätestens nach der Lektüre dieses Buches so was von souverän übersprungen haben. Die ersten beiden Hürden sind hauptsächlich Mindset-Themen, und ich hoffe, dass ich Sie mit diesem Buch inspirieren kann und noch mehr Verständnis erzeuge.

Jetzt kommen wir in den Umsetzungsbereich. Ich musste immer wieder feststellen, dass zwar viele Menschen nachhaltiger leben wollen, aber letztlich aus den verschiedensten Gründen scheitern. Wenn Sie Ihr Gehirn richtig programmiert haben, wäre der nächste Schritt, dass Sie sich mit nachhaltigen Möglichkeiten beschäftigen. Auch hier hoffe ich, dass mein Buch Ihnen einige sinnvolle Möglichkeiten anbietet, die Sie auch gerne umsetzen mögen. In den kommenden Kapiteln werden wir hier über einige wichtige Themen sprechen. Auch bei dieser dritten Hürde ist es nicht vermessen zu behaupten, dass Sie nach dem Genuss der nächsten Kapitel einige Ideen entwickeln können und diese Hürde mit Leichtigkeit überspringen. Hier ist es nur wichtig, dass Sie nach Pareto und Ihren persönlichen Möglichkeiten vorgehen, dann ist auch diese Hürde ein leichtes Opfer.

Und dann habe ich mein Bestes gegeben, und es liegt an Ihnen, rauszugehen und Ihre Welt ein Stück klimafreundlicher zu gestalten. Und ich weiß, dass Sie das schaffen. Denken Sie an den Hürdenläufer, der sich komplett auf diese eine Hürde konzentriert, und dann springen Sie drüber, werden Sie aktiv und setzen Sie nacheinander Ihre wichtigsten Dinge um. Fangen Sie mit einem Thema an und konzentrieren Sie sich über Wochen nur auf dieses eine Ding, bis es flutscht. Dann gehen Sie zum nächsten weiter und zum nächsten …

Es gibt noch eine abschließende Hürde, die Sie überspringen müssen, um zum Nachhaltigkeits-Superhelden zu werden, und zwar die Akzeptanz in Ihrem Umfeld. Stellen Sie sich vor, Sie haben sich entschlossen, vegetarisch zu leben, und sind bei Ihren Freunden zum Grillen eingeladen. Können Sie der Versuchung einer goldbraun gebratenen Wurst widerstehen und gleichzeitig um Akzeptanz Ihrer Lebensgewohnheit bitten? Sozialer Druck kann eine noch neue Gewohnheit wie ein wackeliges Kartenhaus zum Einsturz bringen, daher ist es so wichtig, dass Sie die Hürden nacheinander überspringen, denn damit bauen Sie sich selbst ein stabiles und durch nichts zu erschütterndes Fundament auf.

Wissen, Möglichkeiten, Verhalten und Akzeptanz sind die Schlüssel, die wir alle brauchen, um unser Leben nachhaltig auszurichten.

Und sollte sich jemand aus Ihrem Umfeld massiv gegen Ihre neuen Lebensgewohnheiten wehren, dann ist es vielleicht auch nicht mehr Ihr passendes Umfeld. Wenn ein blöder Spruch kommt, können Sie souverän reagieren, und bedenken Sie dabei immer: Sie sind der Superheld, Sie helfen, dass es dieser Welt ein Stück besser geht, Sie denken an Ihre Kinder und Nachfahren. Und das ist gut so.

KAPITEL 15

STREICHELN SIE AUCH IHRE LEBENSMITTEL?

Demut. Das habe ich von meinem Vater gelernt, und darüber bin ich zutiefst dankbar. Von Zeit zu Zeit muss ich mich wieder daran erinnern, aber wenn mir dann seine Geschichten einfallen, kann ich nicht anders, als Demut und Dankbarkeit zu empfinden. Mein Vater wuchs während des Krieges und der Nachkriegszeit in Nürnberg auf, und seine Erzählungen über die zerstörte Stadt und die Kraftanstrengungen der Bewohner haben mich immer berührt. Clueso hat dies kürzlich als Hommage an seinen Großvater sehr schön beschrieben: »Dresden noch am Brennen, Berlin ist schon befreit. Alle Straßen weg, was für 'ne Bombenzeit. Ich denk an Freiheit, wenn ich 'ne Maske trage. Du siehst jüdische Gefangene auf Lastern fahren.«[19]

Irgendwo habe ich mal gelesen, dass die erste Atombombe für Nürnberg geplant gewesen wäre. Sie wissen schon, wegen des Reichsparteitagsgeländes und so, aber ob das wirklich stimmt, können im Endeffekt nur die Väter des Manhattan-Projektes wissen. Wie auch immer, die Bilder der ruinenhaften Stadt mit den Schutthaufen waren schon beängstigend. Ich habe mich oft gefragt, wie das alles wiederaufgebaut werden konnte. Manchmal kommt es mir so vor, als ob wir in Mitteleuropa gar nicht mehr wissen, wie gut es uns mittlerweile eigentlich geht. Der Krieg in der Ukraine zeigt dies auf erschreckende Weise.

Die Nachkriegsgeneration musste viele Entbehrungen hinnehmen, und das brachte auch eine gewisse Wertschätzung gegenüber Lebensmitteln und anderen Konsumgütern mit sich. Zumindest bei meinem Vater war dies so. Einen Satz von ihm habe ich erst vor einigen Jahren in seiner Weisheit gänzlich begriffen. »Der Verkäufer hat das Hähnchen noch mal gestreichelt, bevor er es eingepackt hat.« Sie müssen wissen, dass es sich um ein bereits geschlachtetes Tierchen handelte und der Verkäufer ein Mitarbeiter eines französischen Supermarktes war. Dieser simple Satz beschreibt so wunderbar eine wertschätzende Haltung. Zum einen hat der Verkäufer das Tier liebevoll verpackt. Es war ihm wichtig, die Arbeit gut zu tun, das Hähnchen war nicht nur irgendein Klumpen Fleisch, der nun konsumiert wird, sondern in der Handlung des Streichelns steckte Dankbarkeit, ein Stück Liebe. Danke, liebes Huhn, dass du dein Leben gegeben hast, um uns zu ernähren. Zum anderen fiel dies meinem Vater auf, und es hat ihn bewegt, sonst hätte er diese Geschichte ja kaum erzählt. Und das meine ich mit Demut, was unsere Lebensmittel betrifft.

Generell liebe ich ja französische Supermärkte. Und ja, ich muss es leider sagen – unsere französischen Freunde haben einen kleinen Vorsprung bezüglich des wertschätzenden Umgangs mit Lebensmitteln. Und diese Wertschätzung spüren Sie, wenn Sie durch einen französischen Supermarkt flanieren. Ja, ich nutze bewusst das Wort flanieren, da diese Megamärkte schon eine stattliche Größe einnehmen. Die Produkte sind attraktiv präsentiert, es gibt eine große Auswahl an lokalen Produkten, und das Gemüse sieht aus wie vom Lebensmittelfotografen in Szene gesetzt. Alles ist mit Liebe arrangiert, die Verkäufer hinter den Theken sind vorzügliche Berater und schwatzen einem vielleicht doch ein Stückchen mehr Käse auf, als man eigentlich wollte. Für mich ist das Einkaufen in Frankreich immer ein Erlebnis, leider wohne ich derzeit etwas zu weit entfernt. Quel malheur.

Mich fasziniert auch die Fischtheke. Und hier muss ich etwas ausholen. Als ich nach Bremen gezogen bin, dachte ich mir, Mensch, alle Welt nennt die Bremer »Fischköpfe«, also wird es da wohl Fisch geben. Weit gefehlt, in meinem Stadtteil gibt es nicht mal ein anständiges Fischrestaurant. Die Fischtheke im Supermarkt besteht meist aus Kabeljau und Lachs. Nicht so die Franzosen, hier kann man gefühlt das halbe Mittelmeer kaufen. Da gibt es frische Austern, Doraden, Seezungen und Flussfische. Alles höchst appetitlich auf Eis dargeboten. Ja, Sie haben recht, eine nachhaltige Transportlogistik sieht natürlich anders aus. Denn Paris liegt ja jetzt nicht so ganz am Mittelmeer. Auch ist die Fischtheke der Bereich im Markt, an dem sich meine Tochter vehement die Nase zuhalten muss. Ich finde ja den salzig-jodigen Geruch total verlockend, aber diese Faszination konnte ich wohl noch nicht rüberbringen.

Haben Sie schon einmal die Patisserie-Abteilung in einem dieser Märkte bewundert? Dort können Sie frische, und ich wiederhole, frische Torten und Kuchen in einer riesigen Auswahl kaufen. Jedes Exemplar schöner als das andere. Ein Zucker- und Blätterteig-Wunderland. All das hat natürlich seinen Preis. Aber unsere Nachbarn kaufen hier wagenweise diese tollen Produkte ein. Hochwertige Lebensmittel haben einfach einen hohen Stellenwert in dieser Kultur, und dies wird dann auch gern entsprechend finanziell honoriert.

Ich würde mir tatsächlich wünschen, dass wir uns respektvoller und wertschätzender gegenüber unseren Lebensmitteln verhalten.

Dann hätten wir auch schon einen riesigen Schritt in Richtung klimafreundlichere Nahrungsmittelproduktion gemacht. Wir würden automatisch weniger wegwerfen und bewusst gute und qualitativ hochwertige Produkte kaufen. Dies funktioniert aber nur, wenn beide Seiten mitspielen. Der Verbraucher sollte bereit sein, etwas mehr Geld auszugeben, die Lebensmittelbranche aber auch deutlich attraktivere Produkte anbieten. Weg von der Masse wäre ein guter Ansatz. Wie wir jedoch auch Familien mit kleineren Einkommen hier mit abholen, ist eine der Herausforderungen, die wir und vor allem die Politik lösen müssen.

Vor Kurzem habe ich die wundervollen Seychellen besucht. Alle, die schon da waren, wissen, dass es dort eine florierende Take-away-Kultur gibt. Fabelhafte Currys und andere Speisen werden in einer Vielzahl von kleinen Restaurants zubereitet, und Touristen und Einheimische können sich dann dort das Essen zum Mitnehmen holen und zum Beispiel am Strand essen. Als ich das gehört habe, war ich erst einmal skeptisch, denn der zusätzliche Verpackungsmüll ist ja erheblich. Also war ich gespannt, wie das dort gehandhabt wird, da die Seychellen ja auch als besonders nachhaltig agierendes Land gelten. Das Erste, was mich überraschte, waren die Strohhalme. Sofern es noch welche gab, waren diese nicht aus Plastik, sondern aus Nudeln. Einfach eine dicke Makkaroni. Eigentlich eine witzige Idee, da ja super biologisch abbaubar, aber so richtig gut finde ich das trotzdem nicht, da ein Lebensmittel verschwendet wird – man hätte die Nudel ja auch essen können. Aber immerhin ein Ansatz, um Müll zu reduzieren, lassen wir den guten Willen gelten. Mein Fischcurry kam dann in einer Papierverpackung. Sieh an, dachte ich mir. Was ist denn aus der schlechten alten Styroporverpackung geworden oder dem Alu-Schälchen, das es hierzulande noch so häufig gibt. Also Pluspunkt für die Seychellen. Wie wir später sehen werden, ist vom Energieverbrauch und der Müllproblematik her die Papierverpackung eher klimafreundlich als so manch anderes.

Das Besteck zu meiner Curry-Box musste ich mir erst genauer ansehen. Interessant, gepresste Maisstärke, 100 % biologisch abbaubar. Also sogar im Bereich der Wegwerfartikel gibt es Fortschritte, und man versucht diese umweltschonender auszurichten. Aber natürlich, und das muss ich betonen, sollten wir auf diese Einweg-Verpackungen generell verzichten. Warum? Das schauen wir uns jetzt gemeinsam an.

Die Industrie hat gerade ein Megaproblem, und das heißt PROZESSWÄRME. Sie müssen wissen, dass sehr viel produzierendes Gewerbe auf Wärme angewiesen ist, die nicht durch Strom bereitgestellt werden kann. Über das letzte Jahrzehnt war Erdgas das Mittel, um diese notwendige Energie in den Prozess einzubringen. Seit dem Russland-Ukraine-Krieg ist dieses Konzept nun völlig auf den Kopf gestellt, und das Öl feiert seine Renaissance. Welcher fossile Brennstoff auch immer, wichtig ist nur zu wissen, dass viele Produktionsbetriebe CO_2 bei der Herstellung von Waren erzeugen, da die entsprechend notwendige Energie durch Gas oder Öl bereitgestellt wird. Hier nützt (noch) kein grüner Strom aus Windkraft oder Solar, da die Wärme aus der Verbrennung erzeugt wird.

Interessant ist hier das sogenannte ENERGIE-TRILEMMA. Dieses Trilemma wurde durch die Russland-Krise noch extrem verstärkt und führt zu einem strategischen Umdenken in der Industrie. Aber lassen Sie mich das gerne erklären. Sie als Unternehmen haben nun die Aufgabe, etwas zu produzieren, wobei Sie jedoch Wärme benötigen. Diese Wärme müssen Sie durch Brennstoffe bereitstellen. Jetzt müssen Sie sich drei Fragen stellen. Erstens: Ist der Brennstoff verfügbar? Also kann ich diesen unbeschränkt einkaufen, oder kann es passieren, dass es vielleicht zu einer Mangellage kommt? Zweitens: Ist der Brennstoff bezahlbar? Also was kostet mich der Einkauf, gibt es hier Gegebenheiten, welche den Preis maßgeblich beeinflussen? Und drittens: Ist dieser Brennstoff nachhaltig? Also handle ich mit meiner Brennstoffwahl im Sinne der Dekarbonisierung, also der Vermeidung von CO_2? Die Konsumenten und die Politik fordern mehr und mehr, das Augenmerk auf die dritte Frage zu richten. Nur meist ist dann ein nachhaltiger Brennstoff entweder nicht verfügbar oder einfach zu teuer. Das ist das Trilemma. Was ist also in der Vergangenheit passiert? Wenn kein nachhaltiger Brennstoff im Werk verfügbar war, wurde eben auf den günstigsten und verfügbarsten Brennstoff zurückgegriffen, und das war Erdgas. Erdgas war einfach da und zugleich billig. Warum also Öl kaufen oder sonstige Experimente wagen?

Der Krieg hat jetzt allerdings dieses Mindset vollkommen zerstört. Von jetzt auf gleich war gar nicht mehr klar, ob von diesem Brennstoff, Erdgas, überhaupt noch genug zu beziehen ist. Was glauben Sie, was da für eine Panik am Markt war, als die beiden Pipelines aus Russland explodierten und klar wurde, dass aus diesem Land kein Gas mehr nach Europa fließen wird. Auf einmal war das erste Thema des Trilemmas, nämlich das der Verfügbarkeit, infrage gestellt. Natürlich folgte daraufhin die Preisexplosion. Eine witzige Anekdote zur Gaspreisexplosion muss ich hier noch einschieben. Also für die Produktionsbetriebe war das alles andere als witzig, aber mir zeigt dieses Beispiel wunderbar, wie komplex doch unsere Welt ist. Und wir haben darüber noch nie nachgedacht. Also, als ich mal wieder im Getränkemarkt herumlief, fiel mir auf, dass viele Wasserproduzenten kaum Wasser mit Kohlensäure geliefert hatten. Hm, habe ich mir gedacht, woran kann das denn liegen? Warum gibt es stilles Wasser, aber kein Sprudelwasser? Woraus machen wir Sprudel oder genauer gesagt das Kohlendioxid? Richtig, aus CO_2. Also aus Erdgas. Das CO_2 aus der Verbrennung von Erdgas landet letztlich im Sprudelwasser. Das ist doch witzig, und damit war auch klar, warum es kein Sprudelwasser mehr gab. Erdgas war einfach zu teuer, also wurde weniger Sprudel produziert. Auch die großen Softdrink-Hersteller hatten hier ihre Probleme. Verrückte Welt. Na, hatten Sie schon einmal nachgedacht, woher denn der Sprudel kommt?

Mittlerweile ist klar, dass es so schnell nicht zu einer Gasmangellage kommen wird, aber allein diese Verwerfungen, diese Panik im Jahr 2022, haben dazu geführt und werden auch nachhaltig dazu führen, dass sich die Produktionsunternehmen nicht mehr nur auf einen einzelnen Brennstoff verlassen werden, sondern sich breiter, strategischer aufstellen. In den kommenden Jahren wird die Industrie vielmehr darauf achten, auch dezentrale Brennstoffe zu nutzen, welche vielleicht als Abfall irgendwo auf dem Hof rumliegen. Und damit haben wir im Bereich Klimaschutz schon einen richtig großen Schritt nach vorne gemacht.

Also, fassen wir zusammen: Die Panik, kein Erdgas mehr zu bekommen, wird das Energie-Trilemma auf die Seite der Nachhaltigkeit schieben. Auch werden höhere Kosten in Kauf genommen, denn die Firmen haben erkannt, dass sie lieber einen teureren Brennstoff verbrennen, als gar keinen zu haben. Denn als Unternehmer müssen Sie sich ja immer die Frage stellen: Was kostet mich eine Stunde Produktionsausfall … In den nächsten Jahrzehnten wird sich hier sicherlich etwas ändern, viele Produktionsschritte werden doch mit Strom gehen, und mit der Einführung des grünen Wasserstoffs wird hier auf Fossile verzichtet werden können. Aber bis dahin vergehen noch so einige Jahre.

Also wir merken uns: Die Produktion von Waren erzeugt CO_2. Die Menge an CO_2 hängt natürlich mit dem entsprechenden Produkt zusammen. Die Papierproduktion ist beispielsweise sehr energieverbrauchend, vor allem die Frischpapier-Produktion. Je mehr Papier recycelt wird, desto besser. Als Richtwert können wir von etwa 1 kg CO_2 pro kg produziertes Papier ausgehen. Papier ist in dem Sinne zwar ein nachwachsender Rohstoff, aber was derzeit auf der Welt für die Papierproduktion passiert, ist nicht mehr akzeptabel. Ganz Sibirien wird abgeholzt, vom Regenwald gar nicht zu sprechen. Jeder in Deutschland Lebende, auch Babys – also jeder –, verbraucht im Jahr etwa 200 kg Papier. Wenn ich mir die ganzen Verpackungen, Versandkartons, Zeitungen und Zeitschriften so ansehe, wundert mich das wenig. Damit liegt Deutschland auch weit über dem EU-Durchschnitt von etwa 100 kg. 200 kg Papier = 200 kg CO_2, und das ist vergleichbar mit dem Ausstoß aus einem Pkw mit einer Fahrstrecke von 1500 km.

Ein gutes Beispiel dafür, dass etwas gut angedacht, aber nicht zu Ende gedacht wurde, sind in diesem Zusammenhang die kleinen Papiertüten, die in den Supermärkten an den Obst- und Gemüseregalen bereitliegen, um mit leckeren eingelagerten Äpfeln gefüllt zu werden. Da diese Gemüsetüten schon ein gewisses Gewicht halten müssen, ist das Papier einerseits recht dick, andererseits müssen viele reißfeste Frischfasern verwendet werden. Aufgrund dessen ist eine Papiertüte schwerer als eine nötige Folientüte. Letztlich kostet die Herstellung dieser Papiertüten in etwa 3-mal mehr Energie als die Herstellung der dünnen Plastikfolientüte. Und das ist schon enorm. Verstehen Sie mich bitte nicht falsch. Auf keinen Fall sollten wir die Plastiktüten weiterverwenden, denn die Menschheit hat ein Megaproblem mit Plastikabfall. Wussten Sie, dass im Pazifik ein, sagen wir mal, »etwas größerer Plastik-Müll-Teppich« treibt? Mit etwas größer meine ich die Größe von Mitteleuropa. Googeln Sie doch einmal spaßeshalber den »great pacific garbage patch«. Da wird Ihnen schlecht. Also was sollen wir tun, wenn Plastik schlecht für die Umwelt ist und Papier zu viel Energie verbraucht? Lassen Sie uns gemeinsam ab heute versuchen, auf Einwegtüten, sei es Plastik oder Papier, zu verzichten. Kaufen Sie sich doch lieber diese Netze, die man immer wieder verwenden kann. Die gibt es auch aus Baumwolle oder Hanf, zur Not tut es auch das Plastik-Mehrwegnetz, da Sie dieses ja Jahre verwenden werden.

Wenn Sie sich mit dem Thema Verpackungen schon einmal auseinandergesetzt haben, dann wissen Sie, dass Aluminium der mit Abstand energiesaugendste Stoff ist. Pro kg Alu werden gute 7,5 kg CO_2 in unsere Umwelt gepustet. Joghurtbecherdeckel, Kaffeekapseln oder auch Süßigkeitenverpackungen nutzen gerne das Aluminium. Platz 2 der umweltschädlichsten Verpackungen nimmt das Weißblech ein, also alle Konservendosen oder auch Deckel von Einweggläsern. Pro kg Blech müssen wir 3 kg CO_2 in die Bilanz schreiben.

Grundsätzlich gilt, alle Einwegverpackungen sind per se klimaschädlich und sollten so weit wie möglich vermieden werden, vor allem die metallhaltigen.

Je mehr recycelt werden kann, desto besser. Aber ich kann gut verstehen, warum Unverpackt-Läden sich einer so wachsenden Beliebtheit erfreuen. Nachdem man sich konkret mit dem Thema beschäftigt hat, kann man schon gar nicht mehr anders, als da mal vorbeizuschauen. Ich muss aber fairerweise dazusagen, dass wir schon besser geworden sind mit dem Verpackungsmüll. Aufgefallen ist mir das erst neulich wieder, als ich mir eine meiner Lieblingsweihnachtsserien angesehen habe. »Weihnachten bei Hoppenstedts« von Loriot. Natürlich ist das überspitzt und parodiert die deutsche Kultur der 70er-Jahre, aber wenn Sie genau hinsehen … Schön finde ich die Szene mit der Bescherung. Die Geschenke werden wie im Rausch ausgepackt. Also »ausgepackt« ist vielleicht etwas zu diplomatisch ausgedrückt. Die Geschenke werden aufgerissen. Der Vater des Hauses freut sich über die eine oder andere Krawatte. Bemerkenswert ist aber, wie diese Krawatten verpackt sind, nämlich in einer dicken Styroporschachtel. Jede Krawatte einzeln in einer dicken, etwa 30 cm mal 10 cm mal 5 cm großen Styroporschachtel. Wow, das ist mal ein Irrsinn. Und als ich das gesehen habe, dachte ich mir: Ja, wir sind schon besser geworden mit unseren Verpackungen. Auf so eine Idee kommt heute tatsächlich keiner mehr. Ein Produkt, das nicht kaputtgehen kann, in dickes Styropor zu packen, wird heutzutage einfach nicht mehr gemacht. Der Zeitgeist hat sich gewandelt. Wir sind zwar noch lange nicht da, wo wir sein müssten, aber wir haben einen Weg eingeschlagen, der sich über die Jahrzehnte hinweg schon als positiv beschreiben lässt. Das ist doch ein gutes Gefühl.

Es gibt aber auch heute noch irrsinnige Verpackungen, wobei ich mich immer frage, was der Erfinder sich wohl dabei gedacht hat. Ein noch recht harmloses Beispiel ist der Papierstrohhalm, der in einer Plastikfolie eingewickelt ist. Witziger sind schon Kartoffeln, die einzeln – ich wiederhole: einzeln – in Plastik einfoliert wurden. Aber mein absolutes Highlight an unnützen und an Dämlichkeit nicht zu übertreffenden Verpackungen ist die Banane, die geschält wurde, auf einen Styroporteller gelegt und abschließend mit einer Plastikfolie überzogen wurde. Warum? Warum tut man so was? Wenn Sie eine lustige Idee haben, was sich der Erfinder dieser Verpackung gedacht haben möge, so schreiben Sie mir doch gerne eine E-Mail.

KAPITEL 16

APFEL – IRGENDWAS MIT OBST

»Irgendwas mit Obst«[20] war schon immer eines meiner Lieblingszitate aus dem Film »Forrest Gump«. Spielt es doch so herrlich mit der Doppeldeutigkeit. In diesem Kapitel soll es aber weniger um Technik als um den biologischen Apfel gehen. In meinem Garten steht ein kleiner Apfelbaum. Der steht da schon immer, ich habe den sozusagen mitgemietet. Irgendwie mag ich diesen kleinen krüppeligen Baum. Krüppelig ist der aber auch nur, weil ich keinen Schimmer habe, wie denn ein Apfelbaum richtig zu beschneiden ist. Also wächst der halt vor sich hin und blüht im Frühling. Da freu ich mich. Dann wirft er alle Blüten auf den Rasen, da ärgere ich mich. Dann macht er Äpfel, das freut mich wieder. Dann fallen 50 % der Äpfel, bevor diese reif sind, faulig auf den Rasen. Das ärgert mich wieder zutiefst, weil ich nicht verstehe, warum ein unreifer Apfel faulen kann. Dann ernte ich reife Äpfel, was mich freut, und schließlich fallen alle Blätter auf den Rasen, was mich final ärgert. Ein Jahr vorbei. Repeat.

Wissen Sie eigentlich, was schlimmer ist als ein Apel mit einem Wurm drin? Ein angebissener Apfel mit einem halben Wurm. Und so mancher Wurm steckt auch in meinen rotknackig frischen Äpfeln. Aber wenn ich es mir recht überlege, machen diese kleinen leckeren Äpfelchen jede Mühe wieder wett. Denn man mag es nicht glauben, aber so ein ungespritzter Bioapfel frisch von Baum, dabei noch warm von den herbstlichen Sonnenstrahlen, ist schon ein anderes Kaliber als so mancher Supermarkt-Retorten-Apfel. Ich bin immer wieder verblüfft, wie schnell der Apfel braun wird. Gefühlt hat man das bei gekauften Äpfeln rausgezüchtet oder so ähnlich. Und natürlich sind meine Gartenäpfel auch wesentlich kürzer haltbar. Aber das ist eben reine Natur. Ich liebe es.

Vor Kurzem habe ich wieder in meinem Lieblingskochbuch gelesen. Ich schätze ja die italienische Küche und ganz besonders diesen Koch. Das Geniale an Claudio Del Principe ist, dass er nicht nur fantastisch kochen kann, sondern auch ein Marketinggenie ist. Die Texte und vor allem die Bilder katapultieren einen sofort in die Küche einer italienischen Nonna, die selbst Nudeln und die herrlichsten Saucen zubereitet. Man spürt die Wärme und hört das Rattern der Roller, und vor allem riecht man den Duft und spürt die Vorfreude auf ein exzellentes Mahl. Auf jeden Fall beschreibt Claudio Del Principe, wie er mit Äpfeln oder Birnen, die im heimischen Garten wachsen, eine sogenannte »Levito madre« herstellt, und deswegen erzähle ich Ihnen diese Geschichte überhaupt. Da die Äpfel vollkommen pestizidfrei sind, ist die Oberfläche voll mit heimischen Hefen. Einen Apfel vom Baum lässt man verschrumpeln und macht daraus einen Hefeansatz, mit dem die wundervollsten Brote und Teige gezaubert werden können. Ein Gedicht.

Wer mit einem eigenen Obstbaum gesegnet ist, kann schon jede Menge damit anfangen, auch jenseits der üblichen Kuchen, Muse und Säfte. Und das ist doch mal nachhaltig, oder? Aber leider ist ein eigener Apfelbaum ja sehr selten, deswegen kaufen wir auch Obst im Supermarkt. Aber haben Sie sich eigentlich schon einmal gefragt, warum wir das ganze Jahr über Äpfel kaufen können, obwohl mein Apfelbaum nur im August und September Früchte abwirft? Ein Supermarkt-Apfel wächst ebenfalls am Baum, was ja schon mal gut ist, und auch jener Apfel wird im Herbst geerntet. Und dann werden diese Äpfel in riesigen Lagerhallen eingelagert, nicht irgendwelche romantischen Scheunen mit Heuballen, sondern hoch technisierte Anlagen, die die Raumtemperatur stark herabsenken. Die Äpfelchen werden sozusagen in einen megagroßen Kühlschrank geschoben. Dann wird der Sauerstoffgehalt in der Luft reduziert. Diese beiden Vorkehrungen dienen nur dazu, den Apfel schön knackig frisch über den Winter zu bringen, denn wir wollen ja schöne frische Äpfel kaufen und keine braunen Matschhaufen.

Ein guter Freund hat mir neulich erzählt, dass es im Alten Land, einem großen Apfelanbaugebiet im Norden von Deutschland, einen Spruch gibt: »Der Bauer ist ins Lager gegangen.« Klingt jetzt zunächst mal nicht sonderlich spannend, aber die Bedeutung hat es in sich. So munkelt man, dass sich eine Person in der Apfelscheune das Leben genommen hat. Jetzt weiß ich nicht, was mich mehr erschreckt, dass Menschen in Apfelscheunen Suizid begehen müssen oder dass es so häufig vorkommt, dass es dafür ein Sprichwort gibt. Durch den Sauerstoffentzug der Luft erstickt man, wenn man ohne Atemschutz in diese Hallen geht. Was den Apfel frisch hält, hat anscheinend schon so manchen Menschen das Leben gekostet. Aber darauf wollte ich eigentlich gar nicht hinaus, ich wollte Sie eher dafür sensibilisieren, dass diese Apfeleinlagerung jede Menge Energie kostet. Dieses ewige Kühlen und die Aufbereitung der Luft fordert einen nicht ganz unerheblichen Tribut an CO_2. Der gekühlte heimische Apfel mag zwar regional sein, aber dafür keineswegs klimafreundlich.

Aber es geht noch weiter, und jetzt wird es richtig pervers. Im Frühjahr gibt es einen energetischen Kipppunkt. Das heißt, der Energieverbrauch durch die Kühlung über den Herbst und den ganzen Winter hinweg war so enorm, dass es ab Mai/Juni wirklich, aus energetischer Sicht, Sinn macht, einen Apfel aus Neuseeland zu kaufen. Der Neuseelandapfel wird in unserem Frühjahr geerntet und hat daher keine Lagerung auf seiner Bilanz. Und man mag es nicht glauben, der ganze Transport mit einem stinkenden Containerschiff um die halbe Welt verbraucht im Endeffekt weniger Energie als ein heimischer Apfel, der ein halbes Jahr im Kühlhaus lag. Das finde ich äußerst befremdlich und auch ein wenig erschreckend. Okay, zugegeben, unsere heimische Stromproduktion ist schon sauberer als ein Schweröl betriebenes Containerschiff. Aber vom reinen Energieverbrauch gewinnt der Neuseelandapfel von Mai bis September. Aber ich möchte Ihnen unsere Äpfel gar nicht wurmig reden, im Gegenteil. Ich liebe dieses tolle Obst. Vielmehr möchte ich Ihnen aufzeigen, in was für einer verrückten Welt wir leben und dass heimische Produkte nicht immer klimafreundlich sein müssen.

Wie können wir dieses Dilemma lösen? Neben der Regionalität brauchen wir noch ein zweites Bewertungskriterium, und das heißt Saisonalität. Nur in der optimalen Kombination dieser beiden Faktoren lässt sich ein wirklich nachhaltiges Einkaufsverhalten abbilden. Wir sind verwöhnt worden in den letzten Jahren, wir sind es gewohnt, immer alles zu bekommen, was wir gerade haben möchten. Erdbeeren im Winter, Äpfel im Frühsommer, Tomaten das ganze Jahr über.

Apropos Tomaten, hier muss ich Ihnen noch eine kleine Anekdote erzählen. In Australien gibt es neuerdings riesige Treibhäuser für Tomatenpflanzen, eines dieser Treibhäuser fasst eine Fläche von 300.000 m^2, und dort wachsen bis zu einer Million Pflanzen gleichzeitig. Und das ist nur ein Treibhaus. Australien hat natürlich einen Vorteil: Wärme und Sonne. Mit Wasser sieht es schon etwas schwieriger aus, aber das Hauptproblem bei diesen großen Megaplantagen ist etwas ganz anderes. Nämlich das CO_2, das die Pflanzen aufnehmen, um wachsen zu können. Wir erinnern uns, die Pflanze baut ja das CO_2 wieder in organisches Material, also Blätter, Stängel und Tomaten um. Das klingt nach einer super Sache, nur leider braucht das Gewächshaus eben eine Menge CO_2 für diese eine Million Pflanzen, und da reicht die normale Konzentration in der Luft nicht mehr aus. Der menschliche Erfindungsgeist ist ja nicht zu bremsen, also werden extra Anlagen gebaut, die Erdgas verbrennen. Das bei der Verbrennung entstehende CO_2 wird dann in die Gewächshäuser geleitet, und die Pflanzen können munter wachsen. Aha, wir verbrennen also einen fossilen Brennstoff, damit Tomaten wachsen können. Unglaublich.

Aber zurück zu unserem heimischen Obst und Gemüse. Die Saisonalität ist deswegen wichtig, weil diese einerseits die Transportwege und andererseits die Lagerung definiert. Wenn in Deutschland keine Erdbeeren wachsen, müssen die ja irgendwo mit Schiff und Lkw hergebracht werden. Bei leicht verderblichen Lebensmitteln ist die Lagerung ausgeschlossen. Hinzu kommt, dass alles, was transportiert werden muss, auch noch aufwendig verpackt werden sollte. Meine Großeltern hatten früher, in den Nachkriegsjahren, einen kleinen Garten und haben dort auch Gemüse gepflanzt. Ich erinnere mich noch heute an die Erzählungen von meinem Vater, dass es wochenlang Kohlrabi gab, dann Bohnen, dann Kohl, Kartoffeln usw. Vielleicht ist uns heutzutage ein wenig das Gefühl abhandengekommen, wann welches Gemüse und Obst heimisch wächst und gekauft werden sollte.

Um Ihnen jetzt konkrete Tipps zu geben, mit denen Sie diesen Punkt systematisch angehen können, machen Sie gerne Folgendes:

- Suchen Sie sich einen Saisonkalender (gibt es im Internet tausendfach), und drucken Sie diesen aus.
- Planen Sie Ihre Gerichte danach, welches Obst und Gemüse gerade Saison hat.
- Achten Sie beim Einkaufen auch auf den Produktionsort. Je näher dieser an Ihrem Wohnort liegt, desto besser. Dieser Punkt gilt aber nur in Kombination mit der Saisonalität. (Siehe Problem der Lagerung.)
- Machen Sie auch mal eine Ausnahme.

KAPITEL 17

HEUSCHRECKE ALS DINNER-GAST

Menschen sind ja von Natur aus Allesfresser. Egal ob Kuh, Schwein, Vogel, Wal oder Beere, Korn, Salat, Pilz, und sogar vor Tofu machen wir nicht halt. Und das ist außergewöhnlich. Schaut man sich im Tierreich um, gibt es nicht allzu viele Allesfresser. Selbst unsere nächsten Verwandten, die Affen, sind mit einigen Ausnahmen Vegetarier. Warum ist der Mensch überhaupt zu fleischlicher Kost übergegangen? Inzwischen dürfte es Konsens sein, dass sich das menschliche Gehirn aufgrund des Fleischkonsums entwickelt hat. Also für unsere Vorfahren hatte es durchaus seine Berechtigung, jede Menge Fleisch zu verputzen. Der Vorteil: Damals war alles noch Bio.

Tausende Jahre später leben wir in einer Welt, in der Fleisch so billig geworden ist, dass jeder täglich fleischlich dinieren kann. Und das ist nicht gut. Salopp gesagt: Es gibt einfach zu viele Menschen auf unserem Planeten, und die meisten haben einen Mordshunger auf Burger, Schnitzel, Würstchen, Elefantenfüße und »geeistes Affenhirn«.[21] Schauen Sie, dieser Konsum ist ein großes Problem. Warum? Das sehen wir uns jetzt einmal an. Hier hilft uns wieder unsere Energiebilanz, indem wir uns das ganze Leben eines Nutztieres ansehen.

Beginnen wir mit der Aufzucht bis zur Schlachtreife

am Beispiel einer Milchkuh. Das tägliche Melken, Füttern, Entmisten, Lüften und die Beleuchtung im Stall verbrauchen eine Menge Strom. Allein in Bayern hat die Summe der Milchbetriebe in etwa einen Stromverbrauch einer Stadt von 100.000 Einwohnern. Die Schweinehaltung ist übrigens pro Betrieb noch viel energieintensiver. Wahrscheinlich, weil es auch wesentlich mehr Schweine gibt. In Deutschland leben etwa 26 Millionen Schweine, aber nur 11 Millionen Rinder. Bei allen wiederkäuenden Tieren, die Kuh zählt dazu, kommt noch ein weiterer klimaschädlicher Punkt hinzu, nämlich die Kuhpupse. Das im Magen der Kuh entstehende Methan ist ein super Klimakiller, hat es doch eine 3-mal höhere Klimaschädlichkeit als unser lieb gewonnenes CO_2. Eine Kuh produziert im Jahr so viele Abgase, da könnten Sie mit einem Diesel-Pkw 30.000 Kilometer im Jahr fahren. Jetzt gibt es in etwa genauso viele Kühe in Deutschland wie Diesel-Pkw. Schon erstaunlich, oder? Wenn Sie jetzt also ein Milch-Junkie sind, der gerne mit seinem Auto zum Burgerladen fährt, haben Sie ein Klimaproblem. Und wahrscheinlich ein Herz-Kreislauf-Problem.

Sie wissen ja, dass wir in einer perversen Welt leben, aber ich finde, folgende Anekdote ist schon ganz oben auf der Chartliste der Perversionen: Viele schlaue Leute überlegen sich ja regelmäßig, wie unsere Zukunft wohl aussehen könnte, natürlich auch hinsichtlich unserer Energieversorgung und des Wandels zu grüner Energie. Hier muss natürlich, aufgrund der klimaschädlichen Ausdünstungen, auch der Nutztierbestand ins Auge gefasst werden. Was wird also vorgeschlagen? Die Kühe sollen Pillen bekommen, welche die Gasbildung im Magen reduziert und damit die Klimabilanz verbessert. Als ich das gelesen habe, habe ich mich tatsächlich gefragt, warum die Studienschreiber nicht auf die naheliegendste und tierfreundlichste Lösung gekommen sind: einfach mal weniger Fleisch essen und weniger Milch produzieren. Die Preise für beides erhöhen und artgerechte Tierhaltung einfordern. Aber die Pille war ja schon immer die einfachste Lösung …

Jetzt machen wir den Kreis um die Kuh etwas größer und überlegen uns, was die Kuh und andere Nutztiere so fressen. Meine Tochter hat so ein kleines Buch von einem Milchbetrieb, also eigentlich Werbung. Und dort wird so wundervoll romantisch dargestellt, wie die Kühe auf der Weide stehen und die guten Wildkräuter fressen und damit natürlich die beste Milch machen. So gerne möchte ich an diese verklärte Romantik glauben, nur leider schlägt einem die Realität ein blaues Auge ins Gesicht. Es mag sicherlich noch vereinzelt kleine Almen mit Kühen auf den Wildkräuterwiesen geben, und dies ehrt die Bauern, aber die Masse unserer Nutztiere wird eben nicht mit leckeren und gesunden Wildkräutern gefüttert, sondern zum Beispiel mit Soja. Soja steckt überall drin, ist billig und wird sowohl bei Rind, Schwein und Huhn ins Futter gemischt. Abgesehen vom Tierfutter landet Soja auch in Seifen, Schokolade, Margarine und Eis. Ein bisschen was landet auch im Biodiesel, aber in Deutschland eher weniger. Für Biodiesel benutzen wir ja Palmöl – dazu später mehr.

Der WWF hat eine recht interessante Studie[22] zum Thema Sojaanbau erstellt. Bei Interesse googeln Sie doch einmal danach. Aber warum ist Soja jetzt so böse? Dazu müssen wir wissen, wo Soja hauptsächlich angebaut wird, nämlich vorwiegend auf dem amerikanischen Kontinent und hier hauptsächlich in Südamerika. Vor nicht allzu langer Zeit habe ich ein sehr bewegendes Foto gesehen. Ein Ureinwohner steht vor dem Wald und streckt die Hand aus. Vor ihm nur noch braune Ackerfläche. Dem Ureinwohner laufen die Tränen über die Wangen, weil er auf Brachland schaut, das noch vor Wochen die Heimat seiner Vorfahren war. Der Regenwald in Südamerika wird systematisch abgeholzt, um

Platz zu schaffen für immer neue und größere Ackerflächen zum Anbau von Soja. Und ich bitte Sie, das ist doch krank. Wir schädigen damit die Umwelt gleich auf doppelte Art und Weise. Der unfassbar wichtige Regenwald verschwindet, der ja bekanntlich CO_2 bindet und klimarelevant ist, und zusätzlich sind unsere Kühe auch noch Klimakill-Gasproduzenten.

Es ist jetzt schon ein paar Jahre her, da hatte ich eine dieser typischen »Männer-am-Grill«-Konversationen. Mein Gegenüber hatte sich auf Vegetarier eingeschossen und meinte, dass diese ja durch ihren Sojakonsum dafür verantwortlich seien, dass der Regenwald stirbt. Wir gebildeten Menschen müssen echt aufpassen, dass wir solche Glaubenssätze, die auf Halbwissen beruhen, aufklären. Tatsächlich ist es so, dass der direkte Sojakonsum, also Sojasauce, Sprossen und auch Tofu, nur 4 % des Gesamtverbrauchs in Deutschland ausmacht. Die anderen 96 % landen im Tierfutter und dem anderen Zeugs. Das muss man erst mal wissen. Was können wir dagegen jetzt konkret tun?

Das mag jetzt für einige ein Einschnitt sein, aber wir sollten tatsächlich einfach weniger Fleisch essen, und wenn wir es doch tun, dann bewusst und höchste Qualität.

Zum Glück gibt es immer mehr kleinere Biobetriebe, die das Fleisch ihrer Biokühe anbieten. Aber werden Sie hier auch nicht zum Fanatiker. Wenn Sie es bisher gewohnt waren, täglich Fleisch zu essen, werden Sie es nicht durchhalten können, von jetzt auf gleich komplett auf fleischliche Kost zu verzichten. Nehmen Sie sich zunächst einen Tag vor, etwa den Montag, an dem Sie bewusst auf Wurst und Fleisch verzichten. Wenn Sie dies acht Wochen durchgehalten haben, nehmen Sie einen zweiten Tag dazu und machen das wieder acht Wochen. Und so weiter. Wichtig ist, dass die Tage fest geplant sind und Sie dies beim Einkaufen auch schon entsprechend berücksichtigen. Und letztlich entscheiden Sie selbst, auf wie viel Prozent Sie Ihren Fleischkonsum herunterfahren wollen.

Aber die Frage ist ja tatsächlich, was soll die Menschheit denn essen, wenn Fleisch immer kostbarer werden muss? Vor geraumer Zeit war ich im Zukunftsmuseum in Nürnberg. Wenn Sie einmal in Nürnberg sind, vielleicht den Christkindlmarkt und goldenen Budenzauber bestaunen, dann biegen Sie doch an der fünften Glühweinbude links ab und laufen einmal über die Straße, dann sind Sie da. Einen Steinwurf vom berühmten Marktplatz entfernt erhebt sich ein moderner Betonbau, der das Zukunftsmuseum beherbergt. Architektonisch jetzt nicht gerade eine Offenbarung, aber der Inhalt ist cool. Auch das Museum beschäftigt sich mit der Frage, wie wir uns in absehbarer Zeit ernähren können, müssen, sollen. An einem großen beleuchteten, schon spacigen Tisch kann man verschiedenste Essenspräparate in Petrischalen begutachten und dazu dann noch virtuell weitere Informationen anfordern.

Folgendes ist mir wirklich passiert, und ich muss meinen Hut vor diesem einem Kurator ziehen, der wohl ein Witzbold zu sein scheint. Das hat genau meinen Humor getroffen, aber ich musste mal wieder feststellen, dass es viele Mitmenschen gibt, die mit dieser Art Humor nicht umgehen können. Was war also passiert? Ich stand an diesem Tisch und schaute mir ein Proteinpräparat aus Insekten an, als ein weiblicher Teenager ebenfalls an den Tisch kam und sich eine Petrischale mit einem grünen Keks nahm. »Soylent Green?«[23] las die junge Frau vor. Da musste ich kurz schlucken und gleich darauf schmunzeln. Was für ein witziges Easteregg, dass der Kurator hier reingebracht hatte. Die junge Frau konnte mit dem Namen nichts anfangen und holte sich die virtuelle Beschreibung dazu. Sie glauben gar nicht, mit welcher Abscheu, Verblüffung und welchem Entsetzen sie den folgenden Satz laut vorlas: »Soylent Green ist Menschenfleisch?« Da musste ich einschreiten und sagte zu ihr, dass das nur ein Witz sei und auf einen alten Science-Fiction-Film von 1973 referenziert, in dem der wachsende Hunger des Menschen durch Verwertung der menschlichen Überreste zu Soylent Green gestillt wird. Die junge Frau schaute mich an, als ob ich nicht alle Tassen im Schrank hätte, und eilte zu ihrem Vater. Ich hörte noch, dass sie ihrem Vater erzählte, dass zukünftig Menschenfleisch auf den Tisch kommt. Ich fand es witzig, aber vielen, die nicht die Referenz zu diesem Film kennen, mag dieser Tisch in makabrer Erinnerung bleiben.

Neben diesen nicht ernst gemeinten Präparaten hat die Ausstellung doch vieles behandelt, auf das wir uns zukünftig einstellen müssen. Tatsächlich könnten Insekten als Proteinbasis eine mittelfristige Lösung sein. Das mag uns auf den ersten Blick eklig vorkommen, und ich kann mir auch nicht vorstellen, dass Heuschrecken unser neuer Sonntagsbraten werden, aber man weiß ja nie, was die nächsten 50 Jahre so bringen. Wer den letzten »Jurassic World« gesehen hat, der weiß, dass diese Viecher auch ganz schön groß werden können. Oh, jetzt geht das Kopfkino los. Ich stelle mir gerade eine Familie in den USA vor, alle haben sich um den großen und reichhaltig gedeckten Esstisch versammelt. Die Großeltern sind da, die Kinder auch, alle hübsch gekleidet und voller Vorfreude auf den nun endlich beginnenden Thanksgiving-Schmaus. Der Vater hebt die Glocke vom Festtagsbraten und knackt mit einem scharfen Messer den Panzer der dort liegenden großen Heuschrecke. Mit feierlicher Stimme fragt er in die Runde. »Wer möchte Brust, wer Keule?«

Aber jetzt wieder ernst. Algen könnten auch einen wichtigen Beitrag für unsere Ernährung leisten. Zum einen sind Algen relativ anspruchslos und können eine große Menge an CO_2 binden und dabei Biomasse bilden, zum anderen gibt es sehr viele Mikroalgen, die noch weitere positive Eigenschaften haben. Kurz gesagt, Algen sind supergesund und können entzündungshemmend oder antibiotisch wirken. Das alles bedeutet ja nicht, dass wir von jetzt auf gleich unsere Essgewohnheiten komplett verqueren müssen, sondern dass wir uns schrittweise ändern und uns mit dem Thema befassen. Wenn wir unseren Kindern die Wichtigkeit und das Verständnis für eine klimabewusste Ernährung weitergeben, dann haben wir sehr viel erreicht.

Wenn Sie sich demnächst ein neues Kochbuch anschaffen wollen, dann würde ich, neben meinem Lieblingskochbuch von Claudio del Principe, empfehlen, dass Sie in die indische Küche hineinschnuppern. Die indische Kulinarik ist die Küche, die am abwechslungsreichsten vegetarisch kocht und dabei noch verdammt lecker ist. Und wir dürfen uns nichts vormachen, vegetarisches Kochen wird immer und immer wichtiger. Und keine Angst, nicht alles ist höllisch scharf.

Ach ja, Asien, da war doch noch was. Ich habe schon über die Sojasünde gesprochen, jetzt legen wir noch einen drauf. Denn was Soja für Südamerika ist, ist das Palmöl für Südostasien. Palmöl wird aus der Frucht der Ölpalme gewonnen und ist das Öl, was eigentlich überall drin ist. Machen Sie sich doch mal einen Spaß und lesen Sie die Inhaltsangaben von Fertiglebensmitteln. Sie werden überrascht sein, wo überall Palmfett drin ist. Ölpalmen werden nicht nachhaltig angebaut, und genau wie beim Soja wird für die Palmölplantagen Regenwald abgeholzt. In Indonesien ist daher zum Beispiel der Orang-Utan vom Aussterben bedroht. Was es für Folgen hat, wenn immer mehr Regenwald abgeholzt wird, brauche ich nicht weiter auszuführen. Warum begehrt also die Welt Palmöl? Das ist leider recht einfach zu beantworten. Es ist billig und bringt viel Ertrag. Das Problem ist tatsächlich, dass wir den jetzigen Bedarf an Fett gar nicht anderweitig abdecken könnten, weil es einfach weder genug Kokos- noch Sonnenblumen oder Olivenöl gibt. Und das ist verdammt schlimm. Aber jetzt erzähle ich Ihnen mal wieder eine Tatsache, die mir meine wenigen Haare zu Berge stehen lässt. Erstens hat sich der deutsche Palmölimport seit 1950 fast verdoppelt, und wenn Sie jetzt meinen, dass das Palmöl bei uns zu Lebensmitteln verarbeitet wird, haben Sie sich aber geirrt. Knapp die Hälfte des importierten Palmöls geht in die Biodieselproduktion. Das ist doch der Wahnsinn. Wir importieren ein Fett aus Asien, das dort den Regenwald tötet und den Arbeitern unwürdige Lebensbedingungen aufbürdet, und wir machen daraus Diesel. Macht das Sinn?

Ich muss das leider sagen, aber wenn Sie ein Dieselauto fahren, töten Sie immer ein kleines Stück Regenwald.

Der Rest landet in Tiefkühlpizza, frittiertem Zeugs, Schokocreme, Tierfutter und Hygiene-Artikeln.[24] Viele Produzenten von Convenience Food haben diese missliche Lage erkannt und werben für ihre Produkte mit anderen Fetten. Dort ist dann auf der Vorderseite eine große Sonnenblume abgedruckt, mit dem Hinweis, dass das Produkt mit gutem Sonnenblumenöl frittiert wurde.

In dem Moment, in dem ich diese Zeilen hier schreibe, ist Krieg zwischen der Ukraine und Russland, und auch Sonnenblumenkerne sind zur Mangelware geworden. Folglich gibt es einfach zu wenig Öl, um alles zu frittieren. Jetzt haben findige Unternehmer eine Ausnahmegenehmigung erwirkt, dass anstatt Sonnenblumenöl dann doch Palmöl verwendet werden darf. Auf der Vorderseite prangt nach wie vor die Sonnenblume, auch der Verweis auf das gute Sonnenblumenöl ist immer noch vorhanden, aber auf der Rückseite, ganz klein, steht geschrieben: »Sonnenblumenöl durch Palmöl ersetzt«. Ich möchte ja niemandem etwas unterstellen, aber so ein wenig verar***t komme ich mir da schon vor.

So, jetzt haben wir ziemlich viel gelesen, was alles doof ist und nicht geht, aber was können wir denn jetzt konkret tun, wenn wir nachhaltiger essen wollen? Den ersten großen Schritt haben Sie, ohne es vielleicht zu merken, schon gemacht. Indem Sie die vorherigen Seiten gelesen haben, ist Ihnen bestimmt bewusst geworden, dass wir unsere Essgewohnheiten ändern müssen. Wir alle lieben Fett, und wir brauchen auch Fett. Aber unbestritten ist, dass wir in Mitteleuropa einfach zu viel Fett konsumieren. Versuchen Sie doch hier, bewusster einzukaufen, auf Fertigprodukte so weit wie möglich zu verzichten und das Glas Schokocreme auch nur ausnahmsweise einmal zu kaufen. Neben der Fettreduzierung können wir auch unseren Fettkonsum nachhaltig ausrichten. Ein Glücksgriff wäre hier zum Beispiel gutes Biokokosöl. Das ist viel gesünder, als Sie vielleicht auf den ersten Blick denken. Allein hierüber ließen sich Bücher schreiben bzw. sind schon geschrieben worden. Wenn Sie mehr darüber lesen wollen, suchen Sie zum Beispiel nach Büchern von Christian Opitz, einem wundervollen und hochintelligenten Menschen.

Unser aller Ziel muss es sein, unseren Konsum an tierischen Produkten zu reduzieren. Ich schreibe hier bewusst nicht »zu beenden«, da wir alle andere Voraussetzungen haben. Wer seit Jahren rein vegetarisch isst und damit gut zurechtkommt, könnte gut einen nächsten Schritt gehen und noch weniger tierische Produkte konsumieren, sofern es sich gut anfühlt. Auf der anderen Seite werden Familien, die es gewohnt sind, täglich Fleisch, Wurst, Eier, Milch und Käse zu essen, einfach nicht in der Lage sein, sich komplett vegetarisch oder sogar vegan aufzustellen. Es braucht etwas Zeit und Übung. Wenn Sie davon überzeugt sind, dass Sie etwas ändern wollen, fangen Sie langsam an und starten Sie mit einem fleischlosen Tag. Vielleicht schenken Sie Ihrem Partner ein indisches Kochbuch zu Weihnachten und hauchen ihm unter dem Weihnachtsbaum liebevoll ins Ohr: »Einmal in der Woche darfst du ab jetzt indisch für uns kochen …«

KAPITEL 18

WARUM WIR ALLE REISEN MÜSSEN

Meine zahlreichen Geschäftsreisen haben mich auch ein paarmal nach Antwerpen geführt. Das werden Sie wahrscheinlich nicht wissen, aber in Antwerpen gibt es einen megagroßen Chemiestandort, wo einige der Bigplayer wie BASF, Covestro und Bayer ihre Produktionsanlagen betreiben. Bei meinen Besuchen ging es meist um die Beratung meiner Kunden hinsichtlich der bestmöglichen Lösungen für die thermische Verwertung von anfallenden Abfällen. Denn alles, was nicht teuer entsorgt werden muss und gleichzeitig die Nutzung von fossilen Brennstoffen reduziert, ist grundsätzlich gut. Kurz gesagt, die Energie im Dreck nutzen.

Das war immer sehr spannend, da jedes Projekt andere Anforderungen hatte. Die zu verwertenden Stoffe waren immer anders und haben das einzusetzende Konzept maßgeblich beeinflusst. Denn auch die gesetzlich vorgeschriebenen Schadstoffemissionen müssen ja am Ende eingehalten werden. (Also was aus dem Schornstein rauskommt.) Dass man so ein Projekt nicht alleine planen kann, ist klar, es braucht eine Reihe von Spezialisten, die sich miteinander abstimmen.

Auf einer meiner Antwerpen-Reisen hatte ich den Geschäftsführer eines exzellenten Unternehmens aus der Nähe von Hamburg mit an Bord. Wenn Sie einmal extrem komplizierte Steuerungs- und Regelungsaufgaben in einer frei programmierbaren SPS umzusetzen haben, dann kann ich gerne den Kontakt herstellen. Die Steuerung und Regelung ist sozusagen das Gehirn einer Anlage und macht eine sichere Bedienung für den Kunden überhaupt erst möglich. Hier darf also nichts schiefgehen – hier ist höchste Qualität gefragt. Ich war mit Karsten zum Essen in einem schönen Restaurant verabredet. Wir besprachen dies und das, ein wenig redeten wir über das Konzept, das wir dem Kunden morgen vorstellen wollten. Je länger der Abend wurde, desto unterhaltsamer wurde unser Plaudern. Ich muss auch noch dazu sagen, dass das belgische Bier schon recht merkwürdig ist. Irgendwann hat uns der Wirt dann ein 14%iges Bier serviert. Sehr lecker, aber extrem gefährlich.

Na ja, wie auch immer, unser Nachhauseweg muss Sie ja nicht kümmern, vielmehr will ich auf einen Gesprächsausschnitt hinaus, der mich nachhaltig inspiriert hat. Karsten erzählte von seiner Antarktisexpedition, die er sich zu einem runden Geburtstag gegönnt hatte. Das größte Geschenk, so berichtete er, war die Begegnung mit den Pinguinen. Er hatte sich einfach auf einen Stein gesetzt und gewartet. Da die Tiere keine Scheu vor Menschen entwickelt haben, kamen mit der Zeit immer mehr dieser Tiere zu ihm, und irgendwann war er mitten unter ihnen. Dies sei so fantastisch und magisch gewesen. Einfach in der Stille zu sitzen und diese wundervollen Geschöpfe zu bewundern, die genauso neugierig auf diesen Typen in roter Daunenjacke waren wie umgekehrt. Wahrscheinlich erzählt Karsten diese Geschichte heute immer noch, da sie ihn so geprägt hat. Und das ist genau diese Art von Erlebnissen, die wir alle brauchen, um zu begreifen, wie fantastisch doch unsere Natur ist. Erlebnisse und Geschichten, die sich in unser episodisches Gedächtnis einspeichern und die wir immer wieder abrufen können, wenn es mal nötig ist. Mich haben das Pathos und das Glitzern in den Augen von Karsten zutiefst bewegt, und ich bin echt dankbar, diese Geschichte gehört zu haben, denn sie hat mich unbewusst dazu verleitet, kürzlich meine eigene Tiergeschichte zu erleben.

Die Rahmenbedingungen waren zwar etwas anders, aber der magische Moment war trotzdem da. Wir hatten uns frühmorgens auf den Weg gemacht, die Sonne ging gerade über dem Strand des Goldes auf Praslin auf, ein leichter bis mittlerer Wind wehte. Für die Einheimischen war es recht kühl, es wird dann gerne mal eine Mütze getragen. Für sturmerprobte Norddeutsche war das kein Problem. 27 °C und Wind sind halt trotzdem Hochsommer in Deutschland, und daher fühlten wir uns recht wohl. Unser Ziel war die Insel Curieuse. Eine kleinere Seychellen-Insel, die man nur mit kleinen Motorbooten anlanden kann. Das Besondere an dieser Insel sind die freilaufenden Riesenschildkröten, die bis zu 200 Jahre alt werden können. Falls Sie es noch nicht wussten, weibliche Schildkröten sind etwas kleiner als die Männchen und haben einen glatten Panzer. Die Männchen hingegen haben eine Vertiefung im unteren Panzerbereich. Wenn dann das Männchen mit dem Weibchen »spielen« möchte, ist das wie Tetris. Passt zusammen. Tatsächlich sind die Panzer der Weibchen ganz schön zerkratzt. Frei laufende Riesenschildkröten sind ziemlich agil. Würde man gar nicht vermuten, aber im Gegensatz zu ihren eingesperrten Artgenossen bewegen sich diese über weite Bereiche und recht schnell und zielstrebig.

Mein magischer Moment geschah, als ich mich einfach ins Gras gesetzt habe und wartete. Und wie bei den Pinguinen von Karsten kamen auf einmal einige Männchen auf mich zu. Voller Neugier stoppte ein sehr großes Exemplar vor mir und ließ sich den faltigen Hals kraulen. Wundervolle Geschöpfe. Heftig war die Erkenntnis, dass diese Schildkröte höchstwahrscheinlich um einiges älter war als ich und auch noch leben wird und ihren faltigen Hals gekrault bekommt, wenn ich schon lange verschieden bin. Zumindest hoffe ich, dass diese Kreaturen noch lange leben können, aber man weiß ja nie – der Meeresspiegel soll ja steigen …

Fucking climate change.

Jetzt könnten Sie natürlich erbost aufschreien. Der Schönberger predigt von nachhaltigem Leben und fliegt selbst auf die Seychellen. Weiß der denn, was das an CO_2 in die Luft pustet? Tatsächlich habe ich das einmal nachgerechnet. Der einfache Flug von Hamburg über Dubai auf die Seychellen entspricht der Klimawirksamkeit von stattlichen 2,5 Tonnen an Kohlendioxid. Pro Person. Da sind wir wieder in der Nähe dieser magischen 3,3 Tonnen, die uns schon öfter begegnet sind. Wie wir wissen, entspricht das der Haltung einer Kuh oder der Nutzung eines Diesel-Pkws für 30.000 km. Das ist schon eine ganze Menge. Das sind umgerechnet 44.500 Kohleeier. Aber hallo, die Zahl ist schon wieder so groß, dass wir uns darunter nichts vorstellen können. Also anders: Die Menge an Kohle, welche Sie verbrennen könnten, um diese Menge an CO_2 zu erzeugen, ist katastrophal groß. Und zwar ist das ein gut 3 m hoher Klotz Kohle mit einer Grundfläche von 1 × 1 m. Oder noch anders betrachtet: Entweder Sie fliegen einmal im Jahr auf die Seychellen oder Sie können jeden Tag etwa 122 Liter Wasser kochen. Ich finde das immer recht spannend, wenn wir unseren CO_2-Ausstoß einmal in für uns erfahrbare Größen umrechnen. Unter 3,3 Tonnen CO_2 können wir uns nichts vorstellen, aber unter einem Kohleklumpen von 3 m^3 schon eher.

Leider gibt es derzeit noch keine umweltfreundliche Lösung, um CO_2-arm zu fliegen. Generell kann ich mir vorstellen, dass es in einigen Jahren möglich ist, aus überschüssigem Strom von Wind, Wasser und Solar wieder flüssige Treibstoffe herzustellen, mit denen die Flugzeuge dann betankt werden können. Diese sogenannte Power-to-Liquid-Technologie

(Strom zu Flüssigtreibstoff) steckt noch in den Kinderschuhen. Hier wird aber fleißig geforscht. Was für eine Flüssigkeit es letztlich sein wird, ist auch fast schon egal. Nur die Basis wird immer grün hergestellter Strom sein.

Aufgrund des Gewichts fallen Akkus für den Luftverkehr natürlich weg. Wasserstoff, ebenfalls hergestellt aus Strom, wäre grundsätzlich denkbar, aber ob dieses flüchtige Gas so sicher und effizient getankt werden könnte, ist fraglich. Aber solange wir eben noch nicht so weit sind, fließt weiterhin flüssiges Kerosin in die kraftvollen Rolls-Royce-Turbinen der Flugzeuge. Also was können wir machen, um diesen klimaschädlichen Ausstoß an Kohlendioxid zu kompensieren oder zu reduzieren? Hier möchte ich generell empfehlen, keinesfalls jeden Flugurlaub auf Teufel komm raus zu verbannen, sondern die ganze Sache smart anzugehen.

Betrachten wir doch zunächst einmal die privaten Urlaubsreisen. Als Erstes sollten Sie sich die Frage stellen, was Sie eigentlich in Ihrem Urlaub erleben wollen. Wie soll es Ihnen danach gehen? Wozu soll der Urlaub führen? Und wo geht das am Wohnort-nächsten? Vier einfache Fragen, aber stellen Sie sich diese doch wirklich einmal, bevor Sie in die Planung starten. Ein Beispiel. Familie Sommer, nicht die aus der BRAVO, möchte gerne ins Warme und eigentlich nur am Pool liegen. Kultur oder Ähnliches ist eigentlich nebensächlich. Die reine Erholung steht im Vordergrund. Die logische Wahl des Urlaubsziels wäre in diesem Fall das Mittelmeer. Totaler Blödsinn wäre dagegen, nach Thailand aufzubrechen und dort am Pool zu liegen. Das muss ich leider in dieser Offenheit sagen, Pool-touristische Fernreisen sind meiner Meinung nach krachend dämlich. Eine kleine Anekdote hierzu. Ja, ich gebe es zu, auch ich bin schon mit einem Kreuzfahrtschiff gefahren. Aber auf meine Gründe, die Sie hoffentlich auch inspirieren, gehe ich später ein.

Kreuzfahrtschiffe haben ja einen Stempel. Einen Stempel der Klimaschädlichkeit. In der Tat ist es nicht ohne, was ein schwimmendes Hotel an CO_2 verursacht. Als Daumenwert können Sie von so um die 300 kg CO_2 pro Person und Tag ausgehen. Bei einer zehntägigen Reise wären Sie also wieder bei der einen Kuh, also den 3,3 Tonnen, angelangt. Aber auch bei den Kreuzfahrern hält die Innovation Einzug, und so werden moderne Schiffe immer mehr mit Flüssiggas betankt und nicht mehr mit Öl, was vor allem die Schwefel- und Stickstoffemissionen senkt und das Fahren dann schon einmal gesünder macht. Am CO_2 ändert das noch wenig, etwa 15 % weniger Kohlendioxid werden ausgestoßen, wenn die neuen Antriebssysteme auf Gasbasis genutzt werden.

Wir hatten uns für eine Reise von den Arabischen Emiraten über Oman bis hin nach Indien entschieden. Um nach Indien einzureisen, muss man eine Menge an Formalitäten erledigen, das Visum entsprechend korrekt beantragen, mit entsprechenden Passfotos in der richtigen Größe, die schon gar nicht so einfach zu bekommen waren. Zusätzlich mussten wir uns am Tag vor der Landung in Mumbai persönlich bei indischen Zollbeamten vorstellen, die uns den letzten Segen gaben, also den nötigen Stempel im Pass. Dass das ganze Procedere natürlich mit zusätzlichen Kosten und vor allem Zeitaufwand verbunden war, war klar, störte uns aber nicht, da wir unbedingt unsere drei indischen Ziele erleben wollten. Anmerken muss ich noch, dass ausnahmslos jeder Gast dieses Bürokratiemonster erlegen musste. Am nächsten Morgen lagen wir am Hafen in Mumbai. Und jetzt kommt das Verrückte, geradezu kafkaesk Skurrile. Nicht nur einmal hörten wir an diesem Morgen im Frühstückssaal folgenden Satz: »Das sieht aber dreckig aus, da gehen wir nicht von Bord.« Hallo, geht's noch? Da fahren die Leute Tausende Kilometer auf einer CO_2-Schleuder über die Weltmeere, und dann gehen sie nicht von Bord, weil es angeblich etwas schmutzig ist. Sie haben extra Passfotos gemacht, das

Visum beantragt, und jetzt setzen sie nicht einmal einen Fuß von der Planke auf den indischen Subkontinent? Das meine ich mit krachend dämlichen Reisen. Das macht einfach keinen Sinn, ist umweltschädlich und bringt nicht einmal einen Mehrwert oder eine Erfahrung mehr.

Und genau darum geht es doch bei allen Reisen zu fremden Kulturen und exotischen Orten: Um unsere Inspiration, um unser persönliches Wachstum. Die Erfahrungen, die wir machen, und die Erlebnisse, die wir dadurch generieren. Denn nur wer reist und sich auf Fremdes einlässt, versteht, wie die Welt wirklich funktioniert, und sieht, dass jeder Ort seinen Zauber und seine Schönheit innehat. Auch wenn der erste Schritt auf einen staubigen Hafenterminal führte, so waren doch die folgenden die, um die es geht. Die wunderschönen Saris der Frauen, die dreisten Taxifahrer, die so lange feilschen, bis sie das Geschäft des Tages machen, die wundervollen architektonischen Bauten. Der Geruch, der Lärm, die vielen Menschen. Teenager, die versuchen, heimlich ein Foto von Ihnen zu machen, einfach weil Sie Europäer sind. Tausende Eindrücke prasseln auf Sie ein. Sie müssen das natürlich alles nicht mögen, aber das können Sie doch erst entscheiden, nachdem Sie das erlebt haben. Und nicht schon eine ganze Stadt verdammen nur auf Basis eines wellblechbedeckten Hafenterminals. Das wäre ja so, als wenn ich mich am Bremer Hauptbahnhof weigere auszusteigen, weil es da hässlich ist, und das ist es. (Das gilt grundsätzlich für jeden Hauptbahnhof in jeder Stadt in Deutschland, außer vielleicht in Uelzen. Der Hundertwasser-Bahnhof ist sehenswert.)

Für mich sind Reisen immer eine hervorragende Möglichkeit, um neue Erfahrungen zu machen und mich Stück für Stück weiser zu machen. Jede Situation zwingt mich, einen unterschiedlichen Blickwinkel einzunehmen, und wie Sie wissen, geht es mir darum auch beim Thema Energie und Nachhaltigkeit. Sie haben bestimmt schon festgestellt, dass Menschen, die viel gereist sind, ungemein interessant sind. Meistens sind sie auch noch exzellente Geschichtenerzähler. Und wir alle mögen Geschichten. Also lauschen wir gespannt diesen Menschen. Fragen Sie doch das nächste Mal eine Person, die Sie gerade kennengelernt haben, nach deren letzter Reise. Die Antwort wird viel über diese Person und die Art, wie sie denkt, offenbaren.

Ich kann durch Reisen lernen und mich mit Faszination vollpumpen, um davon bis zur nächsten Reise zu zehren. Eine gute Reise ist daher sowohl eine Investition in mein Geschäft als auch ein wundervoller Ruhepol. Einmal komplett raus aus dem Alltag tut uns ja allen gut. Je mehr Sie sich diese Inspiration aus der Welt holen, desto besser werden Sie auch in Ihrem Job. Sie denken einfach anders. Das ist unbezahlbar. Und wegen dieser positiven Aspekte sind Reisen für mich Pflicht, und ich akzeptiere bewusst, dass ich damit auch einen gewissen CO_2-Fußabdruck hinterlasse. Aber man kann doch noch etwas mehr machen, um seine Flugabgase abzugelten, oder nicht? Jein. Es gibt mittlerweile einige Unternehmen, die anbieten, die erzeugte CO_2-Menge zu kompensieren. Auf deren Websites gibt man seine Flugstrecke an, und es wird Ihnen ein entsprechender monetärer Betrag vorgeschlagen, den man nun an gewisse Firmen spenden kann. Die Spenden werden dann in Umwelt- und Klimaschutzprojekte investiert. Eine 1:1-Kompensation der erzeugten CO_2-Menge ist das natürlich nicht, aber durch Aufforstungsprojekte oder Ähnliches lässt sich eben doch Kohlendioxid binden. Eigentlich ist das eine ganz schöne Sache mit einem positiven Aspekt, dennoch ist das eigentlich Greenwashing fürs Fliegen. Aber wie gesagt, nachhaltige Flüge gibt es noch nicht. Für alle Sparfüchse noch der Tipp: Diese Kompensation ist als Spende natürlich steuerlich absetzbar.

Ich sage also, dass klug eingesetzte Flüge durchaus vertretbar sind, aber dennoch sollten wir uns der erzeugten CO_2-Menge bewusst sein und diese auch in eine Relation setzen, die wir verstehen können.

Wozu ich Sie ermutigen möchte, ist, auf Kurzstreckenflüge und vor allem Flüge innerhalb des Landes zu verzichten. Diese Stadthüpfer lohnen sich ja nicht einmal zeitlich, über die enorme Umweltbelastung brauchen wir gar nicht zu reden.

Ach, was soll's, wir reden trotzdem darüber. Ein Flug von Hamburg nach München verbraucht etwa 140 kg CO_2 pro Person. Die gleiche Fahrt mit dem Auto tatsächlich nur etwas weniger, ca. 100 kg, und falls wir uns für die Variante mit dem Zug entscheiden, fallen lediglich ca. 20 kg zu Buche. Wichtig beim Fernzug ist natürlich, dass der Strom auch aus regenerativen Quellen stammt. Aber stimmt diese Rechnung auch? Haben wir alles bedacht? Wenn wir nun wieder den Bilanzkreis erweitern und uns ansehen, was zusätzlich zur reinen Fahrstrecke an Emissionen entsteht, wird das Bild recht interessant. Die Frage, die wir uns stellen müssen, ist, was braucht denn das eigentliche Transportmittel, um überhaupt transportieren zu können. Beim Auto muss als Erstes das Auto hergestellt werden, Wartung, Kraftstoffbereitstellung und Entsorgung müssen berücksichtigt werden. Problematisch beim Auto ist, dass die kompletten Herstellungsemissionen zulasten eines einzigen Individuums gehen, während beim Flugzeug und Zug diese Herstellungslast auf viele Schultern verteilt wird. Daher kommen beim Auto etwa 80 g an CO_2 pro Kilometer obendrauf. Je nachdem, ob Sie jetzt Diesel oder Benzin tanken, etwas weniger oder mehr. Zusätzlich muss das Auto ja auch noch auf etwas fahren. Straßen, Autobahnen und Verkehrsführung müssen ebenfalls produziert und installiert werden. Für jeden Kilometer, den Sie mit Ihrem Pkw fahren, kommen für den Bau und die Instandhaltung 8 g CO_2 hinzu.[25]

Das Flugzeug benötigt erst mal das Flugzeug und dann noch einen Flughafen. Für die Herstellung müssen wir mit 0,02 g pro Kilometer rechnen. Der Bau und die Instandhaltung kosten nochmals zusätzlich 6,6 g pro geflogenen Kilometer, und ja, der Flughafen muss auch betrieben, geheizt und am Leben gehalten werden. Dies kostet 18,9 g CO_2.[26]

Beim Zug ist es natürlich ähnlich. Die Herstellung des Zugs müssen wir mit 0,5 g pro Person pro Kilometer ansetzen. Hinzu kommt der Bahnbetrieb mit 10,8 g/km und natürlich der Bau und die Instandhaltung der Infrastruktur mit 8,1 g/km. Dann lassen Sie uns dies einmal aufsummieren und anhand unseres Beispiels mit der Fahrt von Hamburg nach München vergleichen. In Luftlinie sind dies 612 km. In Summe verbraucht das Flugzeug also 156 kg CO_2 pro Passagier. Hierzu muss man allerdings noch sagen, dass das CO_2, das während des Fluges erzeugt wird, sogleich in exponierter sonnenwärmespeichernder Lage emittiert wird, wodurch die Schädlichkeit noch weiter erhöht wird. Aber dann wird's wirklich kompliziert mit dem Vergleichen.

Am Boden ist die Strecke von Hamburg nach München etwas länger. Vereinfachen wir mit der Annahme, dass beide

Strecken etwa 780 km lang sind. Das Auto erzeugt demnach etwa 150–170 kg an Kohlendioxid. Das ist schon erstaunlich. Ob die Zahlen jetzt auf die Nachkommastelle exakt sind, sei einmal dahingestellt, aber Sie können sich merken, dass das Flugzeug und das allein genutzte Auto schon etwa gleich schlecht für die Umwelt und das Klima sind. Allerdings gewinnt das Auto dann doch aufgrund der Tatsache, dass das Flugzeug das CO_2 gleich in der Atmosphäre einspeist. Beim Zug ist es letztlich entscheidend, wie der Strom produziert wird, mit dem der Fernzug durchs Land rast. Unter der schlechtesten Annahme, dass der Strom nicht aus regenerativen Quellen käme, was natürlich nicht stimmt, wäre der Fernzug trotzdem auf Platz 1 mit den wenigsten CO_2-Emissionen von 51 kg CO_2. Je mehr Regenerative genutzt werden, desto deutlicher verbessert sich das Ergebnis nochmals. Die Bahn wirbt ja bereits mit der Nutzung von 100 % Ökostrom. Aber wie wir wissen, erzeugen ja auch die Regenerativen ihren Anteil an CO_2 in der Luft. Und was ist mit dem Elektroauto? Betrachten wir das gerne auch noch. Wie wir schon gelernt haben, erzeugt das E-Auto im deutschen Strommix aus 2020 160 g CO_2 pro Fahrzeugkilometer[27]. Die Infrastruktur ist ja gleich den oben genannten Pkw-Ergebnissen. Demnach wären dem reinen Elektroauto etwa 130 kg an CO_2 zuzurechnen. Besser als Flugzeug und Verbrenner-Pkw, aber weit vom Zug entfernt.

So weit der Klimaaspekt. Wie sieht es aber zeitlich aus? Die reine Flugzeit ist natürlich unschlagbar mit einer Stunde und 15 Minuten. Aber mit der Hinreise zum Flughafen, der Wartezeit in den Sicherheitskontrollen und dem Boarding kommen mindestens 120 Minuten hinzu. Dann das ewige Rumgeschleiche auf der Münchener Piste, noch mal 20 Minuten on top. Und leider hat ja der Herr Stoiber in München keinen Transrapid gebaut, der in zehn Minuten zum Hauptbahnhof fährt. Also kommen hier nochmals gute 60 Minuten on top. Das macht in Summe 4,5 Stunden. Die Zugfahrt dauert hingegen sieben Stunden. Ist es das wert? Das können natürlich nur Sie selbst entscheiden. Es mag Reisen geben, die einfach mit dem Zug zurückzulegen sind, bei anderen Zielen muss es das Auto sein, weil man einfach nicht anders hinkommt, und manchmal muss es vielleicht auch das Flugzeug sein, da die Zeit dann doch drängt. Wie auch immer es bei Ihnen am besten passt, Sie sollten sich nur generell und immer wieder die Frage stellen, ob die Zugfahrt nicht doch eine lohnende Alternative wäre. Schon alleine durch diese Frage wird sich Ihr Reiseverhalten perspektivisch klimafreundlicher ausrichten.

KAPITEL 19

DIE PICK-UP-VERSCHWÖRUNG

Die Überschrift mag an einen Roman von Robert Ludlum erinnern, aber meine Geschichte ist tatsächlich passiert. Sonntagmorgen, halb zehn in Bremen. Ich stehe in der Schlange bei meinem Lieblingsbäcker an. Wir sind mitten in der Coronawelle 3, und ich warte mit einigen anderen Gebäckliebhabern in der Morgenkühle vor dem Eingang. Der Bäcker teilt sich einen riesigen Parkplatz mit einer Supermarktkette, der Parkplatz ist natürlich relativ leer. Zum Zeitvertreib beobachte ich ein paar Tauben, die sich um ein Burgerpapier streiten. Wie sich diese Vögel aus und von nichts ernähren können, fasziniert mich. Plötzlich werde ich aus meinen Gedanken gerissen, als ein prolliges Dröhnen anschwillt und sich auf einmal ein Pick-up auf den Parkplatz walzt. Und sofort steigt eine gewisse Abneigung und Wut in mir auf. Für mich ist ein Pick-up der in Chrom versteckte Mittelfinger, den der Besitzer konstant allen ökologisch denkenden Menschen entgegenstreckt. Um Sie kurz mitzunehmen: Ein Pick-up ist einer dieser großen Pkws bzw. Kleinlaster, die ursprünglich für den amerikanischen Markt entwickelt wurden. Also ein großer 4-Rad-angetriebener Kleinlaster, mit dem Sie auch problemlos mal eine Kuh von Ihrer Weide in die Stadt fahren können. Im Winter schnallen Sie sich einen Schneeschieber vor, und schon geht's los durch das tief verschneite Colorado. Diese Art Auto mag seine Berechtigung haben. Im amerikanischen mittleren Westen oder überall dort, wo schwere Lasten auf schlechten Straßen transportiert werden müssen.

Aber, und das muss ich jetzt leider in aller Deutlichkeit sagen, irgendwann kam irgendein Idiot auf die Idee, diese Dinger auch in Europa verkaufen zu können. Und hier müssen wir uns jetzt wieder die Sinnfrage stellen. Macht es Sinn, mit so einem Auto am Sonntagmorgen zum Brötchenkaufen zu fahren? Nein, natürlich nicht. Das ist doch totaler Blödsinn, geradezu ein Affront gegenüber Mutter Natur. Welcher normal denkende Mensch kommt auf die Idee, sich so ein Ding anzuschaffen? Ein Pick-up wiegt stolze 3,3 Tonnen, hat 400 PS und kann bis zu 16 Tonnen ziehen. Dazu verbraucht dieses Monster gerne mal 15–20 Liter Diesel auf 100 km. Also das perfekte Stadtauto. Und das Messer in den Rücken von Mutter Natur stieß dann kürzlich noch ein Automagazin, das einen speziellen Pick-up zum Auto des Jahres gewählt hatte. Das Messer wurde dann zusätzlich nochmals gedreht, als die Karre im nächsten Jahr zum zweiten Mal zum »car of the year« gekrönt wurde. Aber bevor jetzt eine Klage von einem bestimmten Autobauer bei mir eintrudelt, sei fairerweise gesagt, dass die allgemeine Problematik, von der ich hier spreche, nicht auf eine bestimmte Pick-up-Marke alleine fällt. Pick-ups gibt es natürlich von allen Autobauern, und alle sind gleich schlecht.

Meine Burgerpapier fressenden Tauben waren natürlich verscheucht, also konnte ich meinen Blick nicht von diesem zweckentfremdeten Ungetüm abwenden. Und ja, es kam noch schlimmer, und das habe ich mir nicht ausgedacht, es ist wirklich passiert – parkte dieses Auto direkt vor dem Bäcker in einer abgesperrten Fläche mit doppeltem Halteverbot. Ich dachte schon kurz, jetzt springt gleich Vin Diesel im Muscle Shirt aus dem Wagen und ruft nach Brötchen für seine »Familie«. Aber weit gefehlt, es stieg auch kein dickbauchiger, Schnurrbart tragender Ölbaron mit Cowboyhut aus, sondern ein augenscheinlich ganz normaler Mittvierziger in Jeans und weißem T-Shirt. Er sah sogar ganz nett aus, obwohl ja alles in mir schrie, diesen Menschen aufgrund seiner Leck-mich-am-Ar***-Einstellung zu hassen. Und das machte irgendwas in meinem Kopf. Darüber musste ich nachdenken.

Alles hat ja bekanntlich einen Grund. Und so muss es ja auch einen Grund geben, warum diese arme fehlgeleitete Seele dieses Auto in der Bremer Innenstadt fährt. Diesen Grund kenne ich nicht, aber letztlich ist das Auto immer noch ein Statussymbol. »Hey, schaut mal her, was ich fahren kann!« Ja, und manche sagen auch, dass Männer mit so großen Karren auch gewisse Komplexe kaschieren wollen. Aber darüber möchte ich gar nicht richten, denn wir (und damit meine ich ökologisch denkende Menschen) können Mitbürger mit diesem Mindset nicht belehren. Der Wunsch der Veränderung muss aus ihnen selbst herauskommen, alles andere bringt nichts.

Ich könnte jetzt rübergehen und diesen Menschen anbrüllen, aber es würde außer einem blauen Auge bei mir wahrscheinlich keinerlei Veränderung herbeiführen. Immer wenn wir versuchen zu belehren, werden wir scheitern. Die Abwehrmauern werden sofort hochgezogen, denn letztlich sind viele, viele Menschen einfach ICH-bezogen und leben nach dem Motto: What's in it for me? Also was springt für mich dabei raus. Diejenigen von uns, die ausgezogen sind, um unsere Welt etwas klimafreundlicher zu machen, müssen sich dies immer wieder vor Augen halten. Was springt Positives für die Leute dabei raus, die sich eigentlich gar nicht ändern wollen? Das ist eine harte Nuss, die wir knacken müssen. Ich denke, dass wir mit positivem Beispiel vorangehen müssen, getreu dem Motto: Tue Gutes und sprich darüber. Das wird in Summe das gesellschaftliche Denken in andere Bahnen lenken, und vielleicht können sich in ein paar Jahren die ehemaligen Pick-up-Besitzer dann an ihren Wärmepumpen aufgeilen. »Hey, schau mal, ich hab die größte Wärmepumpe in der ganzen Straße.«

Aber mein Tag wurde auch nicht wirklich besser. Irgendwann war ich an der Reihe und konnte meine Bestellung aufgeben. »Also, ich hätte gerne zwei von diesen Biobrötchen und zwei von den normalen Semmeln, können in eine Tüte.« »Dann verlieren die Biobrötchen aber ihren Bio-Status«, antwortete die nette Verkäuferin. Häh, dachte ich mir da, was ist denn jetzt kaputt? »Was machen denn die normalen Brötchen mit den Biobrötchen in der Tüte, damit das passiert?«, wollte ich es genauer wissen. »Ach, wissen Sie, es ist so schwierig, den Biostatus zu erhalten, aber so einfach, ihn wieder zu verlieren. Kommt das Bio-Brötchen mit einem Korn eines konventionellen Brötchens in Kontakt, ist es nicht mehr Bio. Wir müssen das jedem Kunden erzählen, auch wenn er jeden Tag welche kauft. Das sind die Vorschriften.« Das ist doch mal wieder ein gutes Beispiel für den Irrsinn, der täglich um uns herum passiert und das ganze nachhaltige Leben eher torpediert als fördert. Hier muss auch vonseiten der Politik vieles passieren.

Bis es so weit ist, gehen Sie halt raus in die Welt und erzählen Ihren Freunden, wie Sie nachhaltiger leben, aber ohne dabei zu belehren und zu werten. Das wird den Unterschied ausmachen. Aus diesem Grund sind übrigens auch diese fanatischen Demonstrationen mit An-der-Straße-Festkleben, An-Bäume-Ketten und Tunnelgraben zum Scheitern verurteilt. Erstens schadet Fanatismus der eigentlichen Sache weit mehr, als er nützt, und zweitens erzeugt diese Art der Belehrung sofort eine aggressive Gegenhaltung, was der Sache noch mehr schadet. Meiner Meinung nach sind wir weit jenseits des Zeitpunkts, unsere Gesellschaft noch auf die Tatsache des Klimawandels aufmerksam machen zu müssen. Dass der Klimawandel kommt oder schon da ist, muss ich hierzulande nicht mehr so vielen Menschen erzählen. Was nützt es da, mit Klebe- oder Kartoffelbreiweitwurf-Aktionen auf die Sache hinzuweisen?

Ja, uns wird der Klimawandel hart treffen. Die Frage ist allerdings, wie wir diesen noch abfedern können und wie wir mit den Folgen lebenswert umgehen können. Und auch hier braucht es wieder Innovation und neue, bisher ungedachte Lösungen zu Problemen, die wir jetzt noch gar nicht kennen. Vielleicht hat auch unser Pick-up-Fahrer die entscheidende Idee, wie wir tierisches Eiweiß im 4-D-Drucker am besten herstellen oder wie wir Energie ressourcenschonend speichern können. Vielleicht wachen Sie morgen auf und haben die Idee für einen CO_2-freien Flugzeug-Treibstoff. Oder Sie entwickeln einen Garten für innen, der Sie ganzjährig mit frischem Gemüse versorgt. Na ja, das hat schon jemand erfunden, aber die Idee ist mega.

Dazu muss ich Ihnen noch eine kleine Geschichte erzählen. Wir haben einen kleinen Garten hier im Norden Deutschlands, und ich versuche mich immer mal wieder im Gärtnern von Kulturgemüse. Mein Ziel wäre es, ein Gemüse anzubauen, das dann bei uns auf dem Esstisch landet. Wenn ich die Tonnen an Tomaten ansehe, welche meine Schwiegermutter anbaut, und dazu diese unterarmgroßen Zucchini, so hatte ich immer den Glaubenssatz, gepaart mit unendlichem Selbstbewusstsein, dass auch ich in der Lage wäre, dieses Gemüse in meinem kleinen Garten zu erzeugen. Ha, weit gefehlt, welch eine Blamage meine kleinen Gemüseanbau-Ansätze doch waren. Meine Tomaten wuchsen nicht bzw. wurden von Schnecken blank gefressen. Aber einmal, einmal wuchs eine Tomate. Im Dezember konnte ich diese ernten. Das war toll, aber auch irgendwie ernüchternd und unlecker. Also, Sie merken, dass es nicht gerade eine meiner Stärken ist, Gemüse anzubauen. Mein ehrlich gemeinter Respekt an alle, die in ihrem Garten Gemüse anbauen können. Das ist für mich ein wirkliches Rätsel. Mein Versagen mag auch vor allem an meinem geringen Zeitaufwand diesbezüglich liegen. Irgendwie habe ich auch keine Lust, jeden Tag das Zeug zu gießen, die Schnecken wegzusammeln, die Erde zu düngen, das richtige Sonnen-/Schatten-Verhältnis auszuwählen und auf die richtige Portion Glück zu hoffen. Ich will doch einfach nur, dass da eine Zucchini oder gar Gurke wächst. Muss das denn so schwierig sein?

Und gerade als ich meine bäuerlichen Aktivitäten zur Gänze begraben und mich wieder dem einfachen Weg des Erwerbs von Gemüse auf dem Wochenmarkt hingeben wollte, kam meine Frau um die Ecke und erzählte mir was von einem Gemüsegarten fürs Wohnzimmer. Ha, was für ein Blödsinn, dachte ich mir da, aber natürlich, den Hausfrieden positiv beeinflussend hörte ich mir das an. Was, ich soll Tausende von Euros für einen Gemüsegarten ausgeben? Was soll das Ding denn bringen, wenn wir draußen in der freien Natur nicht mal eine einzige Karotte hinbekommen haben? Da habe ich mich aber aufgeregt, und wer mich kennt, weiß, dass ich mich selten aufrege. Unter keinen Umständen kommt mir so ein Ding ins Haus, vollkommen ausgeschlossen.

Letzten Monat habe ich einen bestellt. Also wenn man genauer darüber nachdenkt, ist das Konzept schon cool. Das hat so seine Vorteile. Das Ding hat irgendwie meine erdige Ader getriggert. Okay, dann bin ich halt mal ein Early Adopter und probiere das aus. Es ist schon richtig, weniger als nix wachsen kann ja nicht passieren, also wird das Ding per se schon ein Erfolg sein.

Aber vielleicht erkläre ich Ihnen noch kurz, was das Ding eigentlich ist. Das Ding ist ein zwei Meter hoher Zylinder, der aus festem Milchsäureprotein und somit einem kompostierbaren Material im 3-D-Drucker hergestellt wird. Über die Höhe verteilt hat der Zylinder kleine Ausbuchtungen, in denen Pflanzen eingesetzt werden können, die dann wundervoll und kräftig wachsen, gedeihen und Früchte produzieren werden. Innerhalb des Zylinders fließt Wasser, das durch eine Pumpe zirkuliert wird. Die Pflanzen erhalten also regelmäßig Wasser, indem die Wurzeln direkt in diesen Wasserstrom hineinragen. Es gibt keine Erde. Das Wasser wiederum wird mit Dünger angereichert, und irgendwie kann man auch noch den pH-Wert einstellen. Fancy, oder? Um den Zylinder herum sind noch Lichtschwerter angebracht, welche die Pflanzen Tageslicht imitierend beleuchten.

Jetzt zu den Vorteilen. Durch diese optimale und gezielte Wasserversorgung soll dieser kleine Garten wohl bis zu 95 % an Wasser einsparen im Vergleich mit einer konventionellen Landwirtschaft. Das Ding soll einen Ertrag »erwirtschaften« wie 60 Quadratmeter Acker. Das ist schon mal eine Ansage. Dabei muss man sich noch mal die Größe dieses kleinen Indoor-Gartens bewusst machen. Zwei Meter hoch, einen Meter in der Breite und Tiefe, damit passt es eigentlich in jedes Wohnzimmer. Ha, und jetzt kommt mein Totschlagargument. Aufgrund dieser ganzen Technik, der Beleuchtung, der optimalen Düngung und der konstanten Wasserversorgung muss man eigentlich so gut wie nichts machen, um sein Gemüse zu ernten. Endlich können Sie anpflanzen, was Ihr Herz begehrt. Demeter-Samen einer exquisiten alten Tomatensorte oder doch einen brasilianischen Kürbis. Ja, okay, das sind Projekte für künftige Wuchsphasen, beginnen wir doch einfach mit ein wenig Salat, und mit der Zeit wird's exotischer. Ich bin so gespannt.

Ja, Sie haben natürlich recht, in meinem Wohnzimmer werden ja keine Bienen fliegen, also muss ich halt schon die Blüten selbst bestäuben. Aber so ein wenig Biologe steckt ja auch noch in mir drin. Da muss ich dann gleich wieder an den guten Herrn Mendel denken, der seine ganzen Bohnen gezüchtet hat und dabei die Genetik mit erfunden hat. Mal sehen, welche Inspiration mir dieser kleine Garten mitbringt. Wo holen Sie sich Ihre nächste Inspiration?

KAPITEL 20

ACH, WÄREN WIR DOCH BIENEN

Corona hat die Welt verändert. Sofern man dieser Krankheit auch etwas Gutes abgewinnen möchte, ist unbestritten, dass wir in Mitteleuropa einen Quantensprung in den Möglichkeiten des mobilen Arbeitens von zu Hause aus erreicht haben. Wer hätte vor der Krise gedacht, dass wir Menschen unser Arbeitsleben innerhalb von zwei Jahren komplett auf den Kopf stellen können? Verwaiste Büroräume sind zur Normalität geworden, und daran wird sich auch nichts mehr ändern. Sofern möglich, werden viele Menschen die Vorzüge des Homeoffice nutzen. Die ersten Arbeitgeber reagieren bereits und reduzieren Bürofläche. Die, die ins Büro kommen, stimmen sich ab und teilen sich die Arbeitsplätze. Ein nicht zu unterschätzendes Resultat dieses Wandels ist natürlich, dass die Menschen nun wesentlich mehr Zeit in ihren eigenen vier Wänden verbringen und der Verbrauch an allen Energien steigt. Es muss mehr geheizt werden, der Stromverbrauch und auch der Wasserverbrauch steigen. Umso wichtiger wird es also sein, dass wir uns mit unserem bewohnten Raum auseinandersetzen und überlegen, wie wir hier nachhaltiger und kostengünstiger fahren können.

Sie müssen wissen, ich liebe Honig. Dieser goldene, süßlich-aromatische Sirup, ach, wie herrlich. Ich bewundere diese kleinen fleißigen Bienchen, nicht nur wegen ihrer Kotze, was anderes ist Honig ja bekanntlich nicht, sondern auch wegen ihrer unverzichtbaren Bestäubungsleistung in den Sommermonaten. Eine Biene sammelt in ihrem Leben etwa einen Teelöffel Honig. Das ist verdammt wenig. Dabei besucht sie bis zu 1000 Blüten pro Tag. Das sollten wir bedenken, wenn wir den leckeren Honig essen. Eine Meisterleistung dieser besonderen Tiere. Letztendlich hilft uns die Biene, Sonnenenergie in für den Menschen nutzbare Energie umzuwandeln. Schauen Sie doch einmal bei Gelegenheit die Dokumentation »verdorben« auf Netflix an. Sie werden gar nicht glauben, wie viel kriminelle Energie in der Honigindustrie steckt und wie viel da gepanscht wird. Am besten, Sie kaufen Ihren Honig vom lokalen Imker oder in Reformhäusern. Das mag vielleicht ein wenig mehr kosten, dafür ist dann auch Honig drin und kein Reissirup.

Was ich Ihnen aber eigentlich über Bienen erzählen wollte, ist das megageniale Klimatisierungs- und Heizungssystem dieser kleinen, behaarten Insekten. Vor allem die Arbeitsteilung ist grandios. Es gibt Heizbienen und Versorgungsbienen. Die Heizbienen zittern mit ihrer Flugmuskulatur und können damit den eigenen Körper auf gute 40 °C aufwärmen. Diese Wärme gibt die Biene an den Stock ab. Das Zittern ist natürlich sehr anstrengend, sodass die Bienen nach ein paar Minuten mit Nahrung versorgt werden müssen. Dazu füttern die Versorgungsbienen die Heizbienen, und weiter geht es mit der natürlichen Heizung. Leider haben wir keine Flugmuskulatur, aber ich stelle mir das gerade sehr witzig vor, wenn einer im Büro sich warmzittert und von anderen Angestellten gefüttert wird.

Im Sommer reihen sich die Bienchen auf, vom Eingang bis tief in den Stock hinein, und schlagen mit den Flügeln. Dabei entsteht ein Luftzug, der durch den Stock weht. Der eigentliche Kühleffekt geschieht aber wiederum durch das Zutun von Wasserbienen, welche überall im Stock Wasser ausspeien. Durch den Luftzug verdunstet das Wasser und entzieht damit Wärme. Der ganze Bienenstock kühlt durch.

Ist das nicht total genial? Ich bin immer wieder fasziniert von der technischen Brillanz unserer Natur. Aber in der Tat ließe sich dieser Kühleffekt auch auf unsere Wohnsituation anwenden. Wenn Sie feuchte Handtücher aufhängen und diese anpusten oder anfächern, werden auch Sie Ihre Wohnraumtemperatur senken. Prinzipiell würden Sie mit einem Ventilator die besten Ergebnisse erzielen. Aber der kostet eben auch wieder Strom, und der Motor erzeugt ebenfalls eine unerwünschte Abwärme. Alles irgendwie uncool, wir sind halt keine Bienen.

Aber was können wir denn überhaupt machen, um im Winter unseren Wohnraum nachhaltig zu wärmen? Gibt es überhaupt Möglichkeiten, hier gut was zu sparen? Auch hier ist es wieder bei jedem von uns unterschiedlich. Es gibt einfach zu viele Varianten, aber trotzdem möchte ich ein paar Ideen mit Ihnen teilen. Vielleicht ist das Richtige für Sie dabei.

Als Erstes würde ich Ihnen empfehlen, einmal eine alte Heizkostenabrechnung herauszusuchen. Meist wird dort der eigene Verbrauch mit dem Vorjahr und dem Durchschnitt, bezogen auf die Wohnfläche, verglichen. Und das ist ja ganz charmant, zeigt es doch auf den ersten Blick, ob man einen durchschnittlichen, energiesparenden oder sogar einen sehr großen Energieverbrauch hat. Sollten Sie mit Ihrem Verbrauch unterhalb des Durchschnitts liegen, dann beglückwünsche ich Sie. Wahrscheinlich wohnen Sie in einem gut gedämmten Haus oder einer Wohnung oder sind auch sehr sparsam. Für alle im mittleren Bereich gilt: Ist okay, aber hier geht noch was. Und all jene, die mit ihrem Verbrauch überdurchschnittlich hoch sind, sollten sich ernsthaft überlegen, etwas zu ändern.

Tja, was passiert wohl mit unserem Strom und Gas bzw. den Heizkosten in den kommenden Jahren? Auch wieder etwas, das man ohne Glaskugel nicht wirklich vorhersehen kann. Aber wir dürfen dabei weder in Panik verfallen, denn dafür gibt es keinen Grund, noch sollten wir einfach nichts tun. Mit klugem Augenmaß auf die steigenden Kosten zu reagieren, wäre sicherlich das Sinnvollste. Aber was ist ein kluges Augenmaß? Ich werfe Ihnen hier mal ein paar Ideen hin, vielleicht ist ja was dabei, was Sie charmant finden.

Versuchen Sie doch tatsächlich einmal, 20 % an Energiekosten einzusparen. Das ist schon eine Menge, da muss man sich schon ein bisschen Gedanken machen, wie es geht, aber es ist auch ein erreichbares Ziel. Vor ein paar Monaten bin ich selbst auf smarte Heizkörperthermostate aufmerksam geworden. Da ja mittlerweile das ganze Haus, von der Türklingel bis zum Feuermelder, intelligent und per App bedienbar ist, sind natürlich auch die Thermostate an der Reihe, in einen WLAN-basierten Technologie-Olymp aufzusteigen. Thermostate sind Ihnen ja sicherlich ein Begriff, das sind diese runden Drehregler an den Heizkörpern, welche Sie zwischen eins (frostig kalt) und fünf (Dampfsauna) hin- und herdrehen können. Das Drehen können Sie sich jetzt sparen, das macht der smarte Thermostat selbst, und zwar gesteuert und temperaturgeregelt. Das heißt, Sie geben eine Temperatur vor und den Rest macht das Gerät. Hier versprechen einem die Hersteller schon mögliche Einsparungen von bis zu 30 %. Also könnte das durchaus interessant sein. Die 30 % werden es wohl kaum werden, aber ich denke schon, dass hier was geht. Ich halte Sie diesbezüglich gerne auf dem Laufenden, wenn nicht mehr in diesem Buch, dann natürlich in meinem Blog.

Der große Vorteil dieser Dinger liegt in den Temperaturkurven, die Sie per App hinterlegen können. Das ist alles recht simpel, und sobald dies einmal konfiguriert ist, brauchen Sie sich um nichts mehr zu kümmern. Sie können zum Beispiel einstellen, dass der Heizkörper nachts runterregelt in der Temperatur. Da reichen ja 17 °C Wohnraumtemperatur. Tagsüber hätten Sie es sicherlich gern wärmer, und zwar als Basistemperatur dann 20 °C und zusätzlich von 17:00 bis 22:00 Uhr kuschelige 21 °C. Da können Sie sich austoben. Für jeden Tag unterschiedlich, für jedes Zimmer unterschiedlich. Und dann gibt es noch unterschiedliche Profile. Zum Beispiel könnten Sie ein Schwiegermutter-Profil einrichten und dann per Knopfdruck alle Heizkörper um 5 °C nach oben fahren. Vorausgesetzt, Sie meinen es gut mit Ihrer angetrauten Familie. Es geht natürlich auch in die andere Richtung. Alles kälter machen, um den Besuch möglichst kurz zu halten. Wie auch immer, es macht schon Spaß, sich sein Haus so einzurichten und komfortabel zu programmieren. Wieder ein cooles Weihnachtsgeschenk für alle Technikbegeisterten.

Meine absolute Lieblingsfunktion ist aber die Kindersicherung. Das heißt, Sie können die Thermostate gegen kleine oder auch große Hände sichern. Dann geht jegliche Bedienung nur noch in der App, und das ist irgendwie befreiend. Wie oft kam das Kinderzimmer einer ausgedörrten Wüste gleich und das Wohnzimmer war auf frühlingshafte 17 °C gesunken, da es ja so Spaß macht, an den Dingern zu drehen. Na ja, die Kinder werden größer, die Funktion ist aber trotzdem cool. Volle Kostenkontrolle, aber auch alleinige Verantwortung beim Programmierer. Können Sie mit diesem Druck umgehen? Wie sagte ein weiser Mann einst: »Aus großer Kraft folgt große Verantwortung.«[28] Die Installation ist kinderleicht, so zumindest die Aussage der Hersteller, und auch bei mir liefen die ersten zehn Stück relativ reibungslos. Aber dann kam meine Nemesis. Der elfte Thermostat verursachte nicht nur einen Wutanfall bei mir. Normalerweise sind diese Thermostate ja nur recht locker auf das Ventil geschraubt. Wenn man Glück hat, braucht man nicht mal Werkzeug und kann den alten einfach abschrauben, den neuen drauf, und fertig. Da kann auch kein Wasser austreten oder Ähnliches, da ja nur der Motor bzw. der Antrieb auf dem Heizventil abgeschraubt wird. Die Heizung bleibt dicht. So weit, so gut, zehnmal ging das genau so.

Beim elften Mal war der Thermostat aber so fest auf das Ventil geschraubt, dass ich mit der großen Rohrzange ranmusste. Irgendwann hat es sich dann auch bewegt, aber auf einmal kam da Wasser raus. Da dachte ich mir, das kann doch gar nicht sein, da darf kein Wasser rauskommen. Alle sagen, da kommt kein Wasser raus. Aber es kam Wasser raus. Also wieder festgeschraubt und nachgedacht. Warum auch immer der Thermostat das gleiche Gewinde wie das Heizventil haben muss, das habe ich nicht verstanden. Warum macht man nicht eines mit Linksgewinde und eines mit Rechtsgewinde? Oder die guten alten Eckgewinde. Dann könnte das gar nicht passieren, was mir jetzt passiert war. Aber nein, billige Heizungsinstallationen fordern halt ihren Tribut. Auf jeden Fall war der Thermostat also so fest auf das Ventil draufgeschraubt, dass ich beim Losschrauben nicht den Thermostat vom Ventil, sondern das Ventil von der Heizung entfernt habe. Das war nicht gut. Keine Chance, das Ding runterzubekommen. Also musste ich das Wasser ablassen, das Ventil abschrauben, ein neues Ventil kaufen, und endlich konnte ich meinen smarten Thermostat auf Heizkörper elf schrauben. Anschließend konnte ich die Heizung wieder mit Wasser befüllen und entlüften. Das war eine echt schwere Geburt. Was man nicht alles für den Fortschritt tut. Was glauben Sie, was ich gemacht hätte, wenn ich diesen Heizkörper als Erstes hätte upgraden wollen? Da hätte ich mit Sicherheit alles in die Ecke geworfen und auf die Zukunftsfähigkeit der alten Drehdinger geschworen.

Im Prinzip ist es ja recht einfach mit dem Heizkostensparen. Weniger heizen ist gleich weniger zahlen. Mehr will ich dazu eigentlich gar nicht schreiben, das Internet ist ja voll von Pseudo-Experten und gut gemeinten Ratschlägen.

Selbst ein schwedisches Möbelhaus sagt einem ja jetzt, wie man Energie sparen soll. Beim Stromsparen ist das ähnlich, hier gibt es aber ein paar kleine Feinheiten, die ich mir nicht verkneifen kann. Was glauben Sie, was bei Ihnen für bis zu 30 % der Stromkosten verantwortlich ist? Die Antwort mag Sie jetzt vielleicht verblüffen, aber es sind tatsächlich die ganzen kleinen Elektrogeräte, die unnötigen Strom fressen und verbrauchen, also alles, was irgendwie ein kleines rotes Lämpchen hat oder im Standby so vor sich hin vegetiert. Diese Geräte hängen eben konstant an der Steckdose und ziehen Strom, auch wenn wir sie nicht nutzen, und das ist doch total unnötig, wenn wir einmal ehrlich sind. Und dabei kann das wirklich so einfach behoben bzw. optimiert werden. Am besten, Sie gehen einmal durch Ihre Wohnung und schauen, wo denn überall ein Kabel in einer Steckdose steckt. Dann fragen Sie sich, ob es da wirklich stecken muss oder ob Sie dieses Gerät zumindest in eine Steckdosenleiste mit einem Kippschalter umsiedeln könnten, sodass wenigstens über Nacht der Stromkreis unterbrochen wird.

Die Groß-Elektrogeräte sind natürlich die zweite Gruppe an richtigen Stromfressern, weil diese eben konstant immer Strom ziehen. Ein Kühlschrank muss immer mit Strom versorgt werden. Da hilft nicht einmal ein Kippschalter. Eine nächtliche Strombremse wäre sogar eher kontraproduktiv, außer Sie mögen angetaute Tiefkühlpizza zum Frühstück. Wenn wir den Stromkreis nicht unterbrechen können, müssen wir unser Augenmerk auf das Gerät an sich richten. Über die Energieeffizienzklassen muss ich ja nicht reden, das würde Sie nur langweilen. Aber achten Sie doch gerne darauf, Neugeräte nur mit der höchsten Effizienzklasse zu kaufen. Auch wenn es im Geldbeutel etwas schmerzt, Sie zahlen auf Ihr Karma-Konto ein. Die Frage ist auch, ob es immer ein Neugerät sein muss, wenn der lieb gewonnene Backofen die Grätsche macht.

Interessant ist in der Tat, dass auf den Gesamtlebenszyklus eines Elektrogeräts die Herstellung schon alleine 20 % der Energie verbraucht. Diese 20 % können Sie natürlich sparen, indem Sie gebrauchte Geräte kaufen. Das wäre im Wortsinne tatsächlich nachhaltig. Ein Tipp von mir allerdings: Wenn Sie auf Altgeräte gehen, schauen Sie sich genau an, wie alt das Gerät wirklich ist. Mittlerweile geht man davon aus, dass große Elektrogeräte maximal 15 Jahre halten, hier können Sie also leicht in die »Ist-bald-kaputt«-Falle laufen. Zusätzlich sind Geräte mit mehr als acht Jahren Alter schon eher mal Stromfresser. In den letzten zehn Jahren hat sich da schon noch mal richtig was in der Entwicklung getan. Die Betriebskosten können Sie mit einem Neugerät schon deutlich senken, aber Durchrechnen ist trotzdem angesagt. Geräte der besten Effizienzklasse sind relativ teuer in der Anschaffung, und die Differenz des Preises zum energetisch schlechten Gerät müssten Sie ja rein theoretisch durch einen gesunkenen Stromverbrauch wieder reinwirtschaften. Das kann sich lohnen, muss es aber nicht. Im Vergleich zwischen dem besten und dem schlechtesten Kühlschrank sparen Sie etwa 75 bis 100 € pro Jahr an Strom. Das ist gar nicht mal so viel, aber es ist so wertvoll.

Wenn Sie die Kosten Ihrer Großelektrogeräte genau wissen wollen, besorgen Sie sich den Verbrauch des Gerätes in Kilowattstunden (kWh) und multiplizieren Sie das mit Ihren Stromkosten in Cent pro Kilowattstunde. Den Verbrauch finden Sie in den Bedienungsanleitungen oder den Werbetexten. Google ist auch hier Ihr Freund und weiß Rat. Den größten Energiespareffekt und die höchste Klimafreundlichkeit erreichen Sie, wenn Sie erstens generell Geräte mit der höchsten Energieeffizienzklasse haben. Und zweitens, und dazu möchte ich Sie alle ermutigen, einen grünen Stromtarif wählen, also erzeugten Strom aus regenerativen Quellen wie Wasser, Wind oder Solar nutzen.

Hm, was verbraucht noch Strom bei uns zu Hause? Ach ja, unsere Beleuchtung. Dass mittlerweile so gut wie alle Leuchtmittel auf LED umgerüstet sind, ist gut, und darüber brauchen wir hier nicht zu sprechen. Vielmehr ist mir vor Kurzem ein Warnruf der deutschen Umwelthilfe zu Ohren gekommen, dass wir alle doch auf ausufernde Weihnachtsbeleuchtung verzichten sollten. Das wollte ich genauer wissen. Also der Stromverbrauch eines einzelnen weihnachtlich beleuchteten Haushalts mag jetzt zunächst sehr gering erscheinen, aber das summiert sich dann halt eben auch. Mit den ganzen Festbeleuchtungen in den Städten kam in den letzten Jahren tatsächlich ein Stromverbrauch in der Adventszeit zusammen, der einem jährlichen Stromverbrauch einer mittelgroßen Stadt entspricht. Etwa 200.000 Menschen könnten das ganze Jahr lang Strom beziehen für die Menge, die ein paar Wochen Adventsbeleuchtung verschlingen. Das ist schon enorm, das ist schon richtig viel. Auf der anderen Seite kann ich mir Weihnachten ohne Beleuchtung überhaupt nicht vorstellen. Das gehört doch einfach dazu, dieses sanfte Licht, das die gesamte Adventszeit aufhellt. Und vor allem hellen diese kleinen Leuchtchen ja nicht nur Ihren Weihnachtsbaum oder Ihr Carport auf, sondern ganz klar auch Ihr Gemüt. Dieser positive psychische Effekt der Beleuchtung gegen etwaige Winterdepression ist nicht zu unterschätzen. Dass das stimmt, kann jeder bezeugen, der sonntagnachmittags auf dem Sofa eingekuschelt, von goldenem Schein umgeben, eine dampfende Tasse heiße Schokolade trinkt.

Also was können wir tun, wenn wir Energie sparen wollen, aber gleichzeitig nicht die Magie der Weihnachtsbeleuchtung verlieren wollen? Das Zauberwort heißt auch hier natürlich LED, und ich vermute, dass Sie bei sich zu Hause schon viele dieser Lichter im Einsatz haben. Aber ganz unten in der Kiste mit dem Weihnachtsbaumschmuck finden sich ja mitunter immer noch so kleine Schätzchen mit Glühlämpchen. Alles, was noch einen Glühfaden hat, sollten Sie nicht mehr nutzen. LED-Birnchen verbrauchen wirklich kaum Strom. Eine Lichterkette über die gesamte Adventszeit eingesetzt schlägt mit 40 Cent Stromkosten zu Buche. Eine wohl vernachlässigbare Ausgabe, vor allem, wenn man dies mit den anderen vorweihnachtlichen Aktivitäten wie Plätzchenbacken vergleicht. Ein Backofen auf 200 °C nutzt schon mal so um die 1–2 kW pro Stunde. Bei 30 Cent pro Kilowattstunde an Stromkosten sind dies ca. 60 Cent, welche Sie pro plätzchenbackende Stunde aufs Konto Ihres Stromanbieters überweisen müssen. Also bevor Sie jetzt eine LED-Kette weniger aufhängen, können Sie doch eher die Nutzung des Backofens einschränken oder mehr mit Umluft und Restwärme arbeiten. Das lohnt mehr als der Verzicht auf ein schönes erhellendes Licht.

Wenn Sie sich dennoch unwohl fühlen und ein schlechtes Gewissen haben, wenn Sie weihnachtlich oder auch generell beleuchten, dann kombinieren Sie die Beleuchtung doch mit einer Zeitschaltfunktion und schicken wirklich nur Strom durch die Leitung, wenn Sie die Lämpchen auch sehen. Ihr Nachbar hat bestimmt auch nichts dagegen, wenn Sie die durch Halogenscheinwerfer erhellte Weihnachtsromantik in Ihrem Garten des Nachts verdunkeln.

KAPITEL 21

WAS EINEN GUTEN ESPRESSO WIRKLICH AUSMACHT

Es mag jetzt schon einige Jahre her sein, da besuchte uns regelmäßig eine Paketzustellerin von DHL. Also mit besuchen, da meine ich, sie brachte uns Pakete, und zwar so regelmäßig, dass wir uns mit Namen kannten. Auf jeden Fall brachte sie mir eines Tages ein mittelgroßes Paket mit Kaffeekapseln. Die Herstellerfirma ist ein marketingtechnisches Genie, und so ist natürlich der Versandkarton voll bedruckt mit Werbung. So fiel es meiner Postbotin leicht, mich darauf anzusprechen. »Die sind aber schlecht für die Umwelt«, sagte sie, als sie mir das Paket in die Hand drückte und mit einem Lächeln wieder in ihrem gelben Bus verschwand.

Ich stand noch einen Moment in der offenen Tür, das musste ich erst mal verarbeiten. Dass diese Kapseln nicht sonderlich umweltfördernd sind, war mir damals schon bewusst, aber so richtig hatte ich mich mit dem Thema noch nicht beschäftigt, war ich doch der Wucht einer samtigen Crema in Kombination mit einem charmanten Schauspieler erlegen. Ich wollte es genau wissen. Eine Kaffeekapsel wiegt rund 9 g, davon etwa 3 g Aluminium. Wie ich bereits beschrieben habe, ist Aluminium der Stoff, der bei der Herstellung am meisten Energie verbraucht. Also der erste Minuspunkt für die Alu-Kapsel. Apropos Verpackung, die Papierverpackung außen herum dürfen wir auch nicht vergessen.

Pro Kapsel schlagen also zusätzlich fast 2 g Papier zu Buche. Von dem Irrsinn, mir das Ganze auch noch per Post schicken zu lassen, mit noch mehr Verpackung, möchte ich gar nicht reden. Für etwa 7 g Kaffee bilanzieren wir knapp 5 g Verpackung. Das ist nicht wenig.

Der jährliche Verbrauch an Kaffeekapseln aus Aluminium lag in Deutschland in einem der letzten Jahre bei guten drei Milliarden. Da kommt in Summe ordentlich was zusammen. Wenn Sie die Kaffeezubereitung dieser Kapsel-Automaten allerdings mit einer italienischen Espresso-Maschine vergleichen, also mit diesen kleinen Dampfmaschinen aus Chrom, dann mag Sie Folgendes verblüffen: Die Profi-Maschinen verbrauchen in etwa 40-mal mehr Strom beim Zaubern eines perfekten Espressos als diese kleinen, schnuckeligen Kapsel-Schlucker. In den großen Maschinen muss eine Menge an Material vorgewärmt werden, das verbraucht recht viel Strom. Allerdings sei fairerweise dazugesagt, dass diese Profi-Apparate ja nicht nur einen Espresso machen, sondern mehr oder weniger im Dauereinsatz sind, und dann sieht die Bilanz natürlich ganz anders aus.

Das große Problem der Kapseln ist allerdings die Entsorgung bzw. das Recyceln. Die Alu-Kapseln sollen im Gelben Sack entsorgt werden und können dann recycelt werden, aber nur, wenn diese auch leer sind. Das heißt, jeder Nutzer müsste eigentlich die Kapseln aufschneiden, den nassen Kaffeesatz auskratzen und dann erst die leere Kapselhülle in den Gelben Sack tun. Seien wir einmal ehrlich, wer macht das schon? Landen Kapseln mit Kaffee im Gelben Sack, werden sie aussortiert und verbrannt. Kapseln aus abbaubarem Kunststoff sind im Recycling nicht wesentlich besser. Diese dürfen weder in der Biotonne noch im Gelben Sack entsorgt werden. Also landen die auch in der Müllverbrennungsanlage. Es hat ein wenig gedauert, aber tatsächlich habe ich mich von meiner Kapsel-Maschine getrennt. Ich nutze jetzt eine

French Press für eine schöne normale Tasse Kaffee und einen italienischen Bialetti, wenn es mal ein Espresso sein soll. Der hat zwar keine Crema, aber dann freue ich mich umso mehr auf den perfekten Espresso meines Lieblingsitalieners, der eher die Konsistenz von Teer hat. Also der Espresso, nicht der Italiener.

Es ist verdammt schwierig geworden mit dem Recycling, oder? Man will es ja richtig machen, aber jedes Mal, wenn ich zu den farbigen Mülltonnen laufe, plagt mich ein Gefühl der Ohnmacht. Habe ich jetzt alles richtig getrennt, ist das jetzt wirklich Plastik, oder gehört das in den Restmüll? Mit dem Nachdenken darüber kann man viel Lebenszeit verbringen, aber das sollte man eigentlich nicht. Ich will gar nicht aufzählen, was man eigentlich nicht tun darf, das ist eine Menge. Vielmehr möchte ich Sie gerne sensibilisieren, dass es durchaus Sinn hat, sich mit dem Thema zu beschäftigen.

Wenn wir Müll falsch trennen, macht die ganze Mülltrennung keinen bzw. wesentlich weniger Sinn.

Vor allem beim Gelben Sack und Papier ist eine korrekte Trennung wichtig, da sonst die Rohstoffe nicht wiederverwendet werden können. Der Rest wird verbrannt.

Ich esse ja gern einmal einen Joghurt. Ja, und ich muss

gestehen, dass ich mit Vorliebe diese kleinen Joghurtbecher kaufe, weil diese so herrlich praktisch sind. Kühlschrank auf, Joghurt raus, Deckel ab und Frühstück fertig. Ich sitze dann immer davor und denke mir, dass der komplette Joghurtbecher, nebst Inhalt, eigentlich eine klimatechnische Sünde ist. Ein kleiner Joghurtbecher besteht aus 200 g Joghurt, ca. 2 g Plastik, 1 g Aluminium und 6 g bedrucktem Papier. Die ganze Herstellung und der Transport kosten jede Menge Energie. Aber, und das mag Sie jetzt vielleicht verblüffen, tatsächlich ist die Kombination aus Papierbanderole und Plastikbecher die klimaschonendste Verpackung, vor allem, wenn diese lokal hergestellt werden. Einweggläser sind wesentlich schlimmer, und Mehrweggläser sind wegen des regelmäßigen Spülens und der Einweg-Blech-Deckel auch nicht richtig gut. Also gewinnt im Klimavergleich tatsächlich der dünne Plastikbecher mit Papierbanderole. Bizarr.

Allerdings verlangt uns diese Kombination mehr Arbeit ab. Denn wenn Sie nun richtig recyceln wollen, müssen Sie das Papier vom Plastik entfernen und auch den Aluminiumdeckel komplett vom Becher abziehen. Plastikbecher (unausgespült) und Aludeckel landen im Gelben Sack, das Papier kommt in die blaue Tonne. Führen Sie einen dieser Arbeitsschritte nicht komplett aus, so funktioniert der ganze Recyclingprozess nicht mehr, und die erhoffte erneute Nutzung von Plastik, Papier und Alu versagt. Das heißt, je sortenunreiner wir trennen, also zum Beispiel den Aludeckel am Plastikbecher belassen, so geringer ist die Ausbeute im Recyclingprozess an Materialien, die wiederverwendet werden können. Denn alles, was nicht taugt, wird aussortiert und letztlich verbrannt und deponiert. Und das ist doch schade. So richtig glücklich macht mich dieser kleine Plastik-, Alu-, Papier- und Kuhmilchjoghurt dann doch nicht. Da muss doch noch mehr möglich sein. Ist es auch, und dafür brauchen Sie nicht einmal ein biotechnologisches Studium. Es reicht ein Joghurt-Maker, ein paar gute Bakterienkulturen und ein milchähnliches Medium Ihrer Wahl. Ich habe mir jetzt so ein Gerät angeschafft, eine wirklich praktische Sache. Das Ding heizt die Milch auf die bakterielle Wohlfühltemperatur von 37 °C auf und hält diese Temperatur über einen gewissen Zeitraum konstant. And then, the magic happens. Am Morgen haben Sie einen Liter wundervollen Joghurts, den Sie über mehrere Tage im Kühlschrank aufbewahren können. Umweltfreundlich und gesünder als der Kühlregaljoghurt aus dem Supermarkt. Eine Topidee.

Und das Schöne dabei ist, dass Sie jegliche Grundsünden des kleinen Joghurtbechers eliminiert haben. Anstatt eines Plastikbechers wird ein tausendfach wiederverwendbares Glas genutzt, Papier und Alu braucht es nicht. Und Sie können auch auf Kuhmilch verzichten. Allerdings muss ich dazu sagen, dass nicht jeder Milchersatz für die Joghurtherstellung taugt, denn erstens müssen die Bakterien ja was zu futtern haben, also Zucker, und zweitens sollte das fertige Produkt ja auch fest werden und im besten Falle auch etwas cremig. Hier braucht man tatsächlich etwas Übung, und nicht alles wird funktionieren. Im schlimmsten Falle, wenn der Joghurt zu flüssig sein sollte, kann man diesen auch mit Agar-Agar binden. Aber das soll Sie jetzt keinesfalls abschrecken, es einmal auszuprobieren. Das Internet ist voll von Varianten, Rezepten und Tutorials. Finden Sie einfach Ihren passenden »Walk-through« zur Joghurtherstellung. Das Ergebnis wird Sie auf jeden Fall begeistern. Und das Karma-Konto freut sich erst recht.

KAPITEL 22

HOLZ ODER DOCH KEIN HOLZ

Oft ist etwas in Wahrheit nicht so, wie es im ersten Augenblick scheint. Unsere Wahrnehmung schlägt uns da gern ein Schnippchen. Zum Beispiel weicht meine Einbildung von meinem Waschbrettbauch doch eher massiv von der Realität ab. Es lohnt sich also, sich und auch andere zu hinterfragen und nicht blind zu vertrauen. Hierzu fällt mir ein schönes Beispiel ein. Die Meister der Täuschung sind eindeutig Sounddesigner von Hollywood-Filmen. Sie glauben gar nicht, wie einfallsreich hier getrickst und geschummelt wird. Ich liebe ja den ersten Jurassic-Park-Film aus den 90er-Jahren. Die Sounddesigner hatten eine recht schwere Aufgabe und mussten Sounds erschaffen, die nach Dinosaurier klangen, hatten aber verständlicherweise keine Grundlage, auf der sie aufbauen konnten. Was letztlich rausgekommen ist, hört sich schon recht gut an, aber wissen Sie, welche Tiere dafür Pate standen? Der markerschütternde Schrei des T-Rex hört sich ja etwas nach D-Zug an, ist aber in Wahrheit das Tröten eines Baby-Elefanten. Ja, ein süßer, kleiner grauer Elefant. Das Tröten wurde verlangsamt, und heraus kam ein doch recht wuchtiger Sound. Noch witziger finde ich die Herkunft der Laute der Velociraptoren. Das konnte ich erst nicht glauben, aber die Laute stammen von einer sich gerade paarenden Schildkröte. Vor geraumer Zeit durfte ich Zeuge eines doch sexuell recht aktiven Schildkrötenmännchens werden, und ich kann Ihnen versichern:

Ja, das klingt nach Velociraptor bzw. umgekehrt. Verrückt, oder?

Jetzt fragen Sie sich vielleicht, was der Schönberger jetzt schon wieder für einen Schmarren schreibt, aber die Auflösung folgt sogleich. Mit diesem etwas abstrusen Beispiel will ich nur verdeutlichen, dass wir uns oft sehr leicht in unserer Wahrnehmung beeinflussen lassen. Für mich klingt jetzt ein T-Rex so wie in dem Film designt. Aber mit der Wahrheit hat das eben herzlich wenig zu tun, dennoch wurde ich in diese Richtung beeinflusst. Und hier kommt jetzt wieder das Thema Nachhaltigkeit ins Spiel. Ich kann Sie nur ermutigen, glauben Sie nicht alles, was Sie hören oder lesen. Bilden Sie sich Ihre eigene Meinung. Machen Sie sich doch Ihren eigenen T-Rex-Sound. Lassen Sie sich nicht Ihr Gehirn »greenwashen«.

Eine Täuschung, der wir meiner Meinung nach alltäglich erliegen, sind unsere Möbel. Wir stellen uns gern Holz ins Zimmer, aber letztlich besteht dieses doch meist nur aus Leim mit ein paar Holzresten. Aber schauen wir uns das doch etwas genauer an: Alles fing mit Massiv-Holzmöbeln an. Wenn Sie auch noch so ein gutes Stück in Ihrer Wohnung haben, wissen Sie, dass diese Möbel eigentlich unkaputtbar sind. Ich selbst habe auch einen wundervollen Esstisch aus Kirschholz, der den Großeltern meiner Frau gehört hatte. Das Design ist zwar nicht mehr das aktuellste, aber der Tisch samt Stühlen ist einfach viel zu schade, um ihn zu entsorgen. Aber genau das ist unser Problem heute, wir wollen immer das neueste Modell, sehen uns zu schnell satt am Gewohnten und kaufen daher regelmäßig beim Schweden oder Dänen neue Pressspanmöbel.

Dabei war die Grundidee der Spanplatte doch schon an sich nachhaltig. Der Gourmetkoch würde das entsprechend »from nose to tail« nennen, also den Baum ganzheitlich nutzen. Die Idee der Spanplatte wurde in den 1930er-Jahren geboren, mit dem Ziel, die ganzen in der Möbelproduktion anfallenden Holzreste ebenfalls zu verwerten. Also wurden die Holzabfälle zerkleinert – der Fachmann spricht von Zerfaserung – und anschließend mit Leim zu einer Platte gepresst. Mittlerweile ist die Spanplattenproduktion massiv automatisiert und hat die Massivmöbelproduktion weit hinter sich gelassen. Warum? Es ist halt billig. Das Angebot an diesen leichten Platten ist riesig, um eine stetig wachsende Nachfrage nach Billigmöbeln und Baumaterialien zu stillen. Dabei ist die Spanplattenproduktion keinesfalls energiearm. Die Hölzer müssen zunächst durch elektrisch angetriebene Zerfaserer zerkleinert werden, danach werden die Späne in riesigen Trommeln getrocknet. Die heiße Luft, die dafür benötigt wird, kommt meist aus der Verbrennung von fossilen Brennstoffen, hauptsächlich Erdgas. Nach der Trocknung werden die Teilchen nach Größe sortiert und schließlich bei 200 °C verpresst. Die etwas neueren MDF-Platten sind im Prinzip ähnlich, nur wird hier das Holz noch feiner zermahlen. Als Bindemittel dienen beiden Platten eine Reihe von Klebstoffen, die eines gemeinsam haben: die Ausdünstung von Formaldehyd. Und das ist der gesundheitliche Aspekt an einer Spanplatte. Diese Dinger dünsten einfach über Jahre oder Jahrzehnte, sofern sie so lange halten, Formaldehyd und andere Lösemittel aus. Und das ist nicht gut. Wenn Sie nicht wissen, was Formaldehyd ist, hier ein kurzes Bild für Sie: Haben Sie schon einmal diese biologischen Präparate gesehen, die in Museen in diesen Glasbehältern schwimmen? Die Flüssigkeit in diesen Behältern ist Formaldehyd, ein Konservierungsmittel und Desinfektionsmittel per excellence. Das Problem ist halt nur, dass es saugiftig ist.

Es gibt natürlich Grenzwerte, die den Formaldehyd-Ausstoß aus den Spanplatten reglementieren, aber erstens ist eine ständige Ausdünstung eines hochgiftigen Stoffes über die Jahre hinweg trotzdem nicht sonderlich erfrischend, vor allem, wenn Sie da vielleicht drin schlafen. Und zweitens gibt es auch bei der Spanplatte günstige, mit etwas höheren Grenzwerten, und »gesündere«, die natürlich teurer sind. Also aufpassen!

Die Ursprungsidee der Spanplatte, die umfassende Baumausnutzung, wird heutzutage ad absurdum geführt, da unser Hunger nach Billigmöbeln so groß geworden ist, dass die Abfälle ja nicht mehr ausreichen. Also werden ganze Bäume zerhäckselt. Und ja, man muss es leider sagen, auch werden Waldgebiete systematisch abgeholzt. Mit einer nachhaltigen Holzwirtschaft hat dieses Verhalten schon lange nichts mehr zu tun.

Klar, das Holz muss billig sein, da der Konsument ja auch billige Möbel haben will. Allerdings bleiben Natur, Klima und die Gesundheit der Konsumenten auf der Strecke.

Irgendwie uncool. Wissen Sie, mein Vater hatte den Beruf des Schreiners gelernt. Vielleicht kommt auch daher meine Wertschätzung für richtig gute Möbel aus richtig gutem Holz.

Zum Glück haben sich auf dem Markt auch diverse Manufakturen etabliert, die den Mief der Ökomöbel abgelegt haben und neben wunderschönem Holz auch ein erstklassiges Design und Funktionalität in ihre Produkte packen. Denn auch der Massivholzmöbelbau ist eine Handwerkskunst, die man einfach wertschätzen muss. Holz ist in der Tat gar nicht so einfach zu verarbeiten, wie man vielleicht annehmen möchte. Jedes Stück Holz ist anders, und es braucht viel Erfahrung, um keine krumme Kiste zu bauen. Wussten Sie z. B., dass Holz schwindet und quillt? Also je nach Wassergehalt im Holz ändert sich die Masse während der Verarbeitung. Jetzt schrauben Sie zwei Bretter aneinander, wobei das eine mehr schwindet als das andere, et voilà, eine Delle im Möbel.

Am Anfang steht natürlich eine nachhaltige Forstwirtschaft. Das heißt, ein guter Möbelproduzent sucht sich seine Hölzer in der näheren Umgebung seines Produktionsstandorts und lässt sich auch die Wiederaufforstung bescheinigen. Ein Baum, der frisch gefällt wurde, kann aber keineswegs direkt zu einem Möbel weiterverarbeitet werden. Nach dem Schnitt muss das Holz ruhen und trocknen. Je mehr Zeit dem Holz gegeben wird, desto besser. Eine gute Eiche liegt da schon mal ihre zwei bis drei Jahre.

Und dann kommt der alles entscheidende Schritt, der fundamental gesundheitsschädliche und qualitätsentscheidende: das Verleimen. Auch massive Holzmöbel müssen verleimt werden. Das kann einerseits auf die schnelle Art und Weise mit formaldehydhaltigem Leim passieren oder eher aufwendig mit wasserlöslichem Leim. Aber was ist denn der Vorteil von diesem giftigen Zeugs? Warum wird das so gerne genommen? Die Antwort ist einfach, es ist billiger. Wenn Sie jetzt Holzplatten miteinander verleimen, so quillt das Holz an der Stelle der Leimauftragung wieder auf, da ja Feuchtigkeit ins Holz gebracht wird. Das Lösemittel mit Formaldehyd gast aber recht schnell aus, und das Holz nimmt seine ursprüngliche Form wieder an. Das Holz kann also schneller weiterverarbeitet werden. Zeit ist Geld. Ein gesünderer wasserhaltiger Leim lässt das Holz ebenfalls quellen, aber das Wasser verharrt wesentlich länger im Holz. Es braucht also eine ganze Zeit, bis die verleimte Stelle wieder austrocknet. Würden Sie hier zu früh schleifen, gibt's eine richtig schöne Delle. Und Wartezeit kostet Geld.

So, nun haben wir ein richtig schönes massives Holzmöbel hergestellt. Jetzt kann ich Ihnen noch einen Trick verraten: Wenn Sie das Beste aus dem Möbel herausholen wollen, die beste Haptik, das gesündeste Wohnklima und, wie ich finde, auch die schönste Ästhetik, dann ölen Sie das Möbel nur – und fertig. Bitte nicht lackieren. Das tut mir in der Seele weh, wenn ich ein wunderschönes Möbelstück sehe, das mit einer dicken Schicht Plastik überzogen ist. Pfui.

Hinzu kommt bei den massiven Möbeln ein wunderbarer Nachhaltigkeitseffekt. Es sind Möbel fürs Leben. Wenn Sie geölte Möbel kaufen, können Sie diese eigentlich gar nicht kaputt bekommen. Sie können neu geschliffen werden, Dellen können ausgedampft werden. Einfach schön.

Ich weiß, was Sie denken. So ein massives Holzmöbel ist schon gut teuer. Ja, das ist richtig. Aber schon alleine der Gesundheitsaspekt sollte Sie zum Nachdenken bringen. Es sagt ja keiner, dass Sie Ihre ganze Wohnung mit den feinsten Möbeln bestücken müssen, aber vielleicht wäre das Schlafzimmer ein guter Ort, um mit gesünderen Möbeln zu starten. Ich bin dann auch bereit, einen höheren Preis zu bezahlen, wenn ich weiß, dass die Qualität, der Gesundheitsaspekt und die Nachhaltigkeitsthematik stimmen.

Und wie sagte James Bond schon so schön: »Es gibt Dinner-Jackets und Dinner-Jackets«,[29] bzw.: »Es gibt Möbel, aber es gibt auch Möbel.«

KAPITEL 23

DIE WÜSTE BLÜHT

Als Kind habe ich mir immer gern Naturdokumentationen angesehen. Vielleicht war dies auch der Samen, der gepflanzt wurde und dazu geführt hat, dass ich mich heute für eine klima- und umweltfreundliche Natur einsetze. Ich erinnere mich noch gern an eine Folge über die Wüste. Es ist faszinierend, was so alles in einer Wüste lebt, aber viel erstaunlicher fand ich die Verwandlung einer Wüste, wenn es dann doch einmal regnet. Bunte Farben, Blumen, Gewächse aller Art. Ziemlich cool.

Vor Kurzem habe ich wieder ein Bild einer bunten Wüste gesehen. Diesmal war es die Atacama-Wüste in Chile, aber leider waren die bunten Sprenkel in der Landschaft keine Blumen, sondern Müllberge aus entsorgten Klamotten. Und mit Bergen meine ich Berge. Googeln Sie doch bitte einmal danach – da wird Ihnen ganz anders. Jeden Tag kommt ein 40 Tonnen schwerer Lkw und schüttet seinen Inhalt in die Wüste. Getragene Kleidung aus aller Welt landet hier, vor allem aber aus Europa und den USA. Hier hat sich ein richtiges Import-/Exportgeschäft entwickelt. Nicht mehr gebrauchte Kleidung aus Europa wird gesammelt, sortiert und letztlich weggeworfen. Nur noch die wenigsten Stücke werden als Secondhand weiterverwendet. Warum? Weil die Qualität einfach so verdammt mies ist. Die in Asien in Massenproduktion hergestellten Kleidungsstücke werden keineswegs recycelt, wenn wir diese wegtun. Das landet alles in der Wüste. Und das ist doch pervers, oder? Weil wir zwei Euro für ein T-Shirt ausgeben wollen, müllen wir die Atacama-Wüste zu.

Wir leben in einer globalisierten Welt, was ja nicht schlecht ist, aber so manches muss uns doch zum Nachdenken bewegen. Schauen wir uns einmal die Reise eines T-Shirts anhand eines Beispiels an: Einer der größten Baumwollproduzenten ist die USA, nach der Ernte wird die Baumwolle in die Türkei geschifft und dort zu Fäden verarbeitet. Weiter geht es nach Taiwan, wo der Stoff gewoben wird. Anschließend werden die Stoffbahnen nach China transportiert und dort gefärbt und gebleicht. Weiter geht es nach Bangladesch, dort wird das eigentliche Kleidungsstück dann zusammengenäht. Dass hier Kinderarbeit mit am Start ist, müssen wir nicht weiter ausführen. Letztlich landet dann das T-Shirt über diverse Händler bei uns im Laden oder im Onlineshop. Und jetzt denken wir einmal nach: Wie kann ein T-Shirt dann nur ein paar Euro kosten? Irgendwann, manchmal schneller, als man denkt, landet das Shirt dann auf den Müllbergen in der Wüste. Eine Weltreise ...

Mittlerweile sind die Müllberge so groß geworden, dass diese regelmäßig angezündet werden. Also verschwenden wir nicht nur Energie und Wasser bei der Herstellung, unterdrücken billigste Arbeitskräfte beim Zusammennähen, transportieren das T-Shirt um die ganze Welt, verschandeln eine Wüste, sondern pusten auch noch eine Menge ungereinigte Abgase in die Wüstenluft. Zusätzlich schädigen wir die Einheimischen dort und verseuchen auch noch das Grundwasser, sofern es denn eines gibt. Und dabei freuen wir uns noch über das Schnäppchen, das wir gemacht haben.

Das Verbrennen von Kleidung ist umso gefährlicher, je mehr Plastik dabei ist, und das ist ja mittlerweile fast 100 %. Also Polyester, Polyamid, Elasthan, Polyacryl.

Von Natur aus zersetzt sich diese Kleidung nicht, mit der Zeit werden die Fasern nur kleiner, und das Mikroplastik gelangt ins Wasser, in den Nahrungskreislauf und in die Luft. Noch erschreckender ist aber, dass auch neue, ungetragene Kleidung dort auf den Müllbergen landet. Der Onlinehandel macht es möglich, sich eine Vielzahl an Hemden, Blusen, Jeans und T-Shirts nach Hause liefern zu lassen. Alles, was nicht passt oder gefällt, wird zum Händler zurückgeschickt. Leider ist es aber so, dass in manchen Fällen die Aufbereitung der Kleidung, also das Zusammenlegen, Überprüfen, die Labellierung und Einlagerung teurer werden, als wenn das Kleidungsstück gleich auf dem Müll landet. Der gesunde Menschenverstand kann das nicht begreifen, da stürzt das Gehirn eines ökologisch denkenden Menschen ab, aber leider ist dies eines von vielen Problemen, mit denen sich die Menschheit derzeit herumärgern darf.

Zum Glück, und hier ist tatsächlich ein Umdenken am Bekleidungsmarkt spürbar, gehen immer mehr Anbieter dazu über, die Produktion ökologischer und klimafreundlicher auszurichten. Einerseits werden nun auch Kunstfasern nachhaltiger hergestellt. Immer mehr wird hier recycelt. Es gibt mittlerweile Fasern, die aus Plastikabfällen erzeugt wurden, die aus dem Meer gesammelt wurden oder dort gelandet wären. Das ist doch schon einmal recht positiv. Diese Fasern werden nicht nur für Funktionskleidung eingesetzt, sondern auch für Taschen oder Stoffe. Zum anderen gibt es immer mehr Kleidungsstücke aus Biobaumwolle. Hier sind wir schon einen guten Schritt weiter, allerdings heißt das ja nur, dass die Faser biologisch hergestellt ist. Aber was ist mit der Produktion des Kleidungsstückes an sich? Lassen Sie sich von einem Biobaumwolle-Zeichen nicht blenden, es braucht eine andere Zertifizierung.

Eine große Discounter-Kette vertreibt daher seit einiger Zeit schon viele Produkte mit Biobaumwolle und GOTS-Siegel. Und dieses Siegel ist ein echter Gamechanger. Mir war das auch nicht bewusst, aber GOTS gibt es mittlerweile seit 20 Jahren. Früher mag der Charme etwas ökologisch angestaubt gewesen sein, aber zum Glück sind wir jetzt im Bekleidungsmainstream angekommen. Auch dank Ihnen und dem Verständnis und dem Kaufwillen von vielen anderen Verbrauchern. Das GOTS-zertifiziert Fasern aus Biobaumwolle. Beim Anbau dieser Baumwolle muss auf den Einsatz von synthetischen Pestiziden, Herbiziden und Insektiziden verzichtet werden, und auch gentechnisch veränderte Pflanzen dürfen nicht eingesetzt werden. Der Anbau ist dementsprechend viel gesünder für die Böden, die Umwelt und auch die Bauern. Auch die Aufbereitung der Stoffe, also das Färben und Bleichen, muss gewissen Standards entsprechen, so dürfen etwa keine krebserregenden Farbstoffe und Schwermetalle eingesetzt werden. Dies verlängert dann nicht nur das Leben der Färber, sondern dürfte auch Ihre Gesundheit als Endverbraucher positiv beeinflussen. Um ein Siegel zu erhalten, müssen alle Verarbeitungsstufen entsprechend geprüft und ökologisch ausgerichtet sein, darunter fallen auch die Verpackung und Knöpfe, Reißverschlüsse und andere Accessoires. Letztere dürfen kein Nickel und Chrom enthalten und auch nicht aus Plastik hergestellt sein.

Neben diesen ganzen materialbezogenen Dingen wird auch die eigentliche Arbeit betrachtet. Hier müssen soziale Standards eingehalten werden, wie der Verzicht auf Kinderarbeit sowie auf Sklavenhaltung. Eine gerechte Entlohnung muss genauso sichergestellt sein wie geregelte Arbeitszeiten und der Ausschluss jeglicher Diskriminierung und anderweitiger Unterdrückung. Die Arbeit muss sicher sein und auch hygienischen Ansprüchen genügen. Das klingt doch gut, oder? Allerdings stelle ich mir, während ich diese Zeilen schreibe, die Frage, ob ich mir das nicht für jegliche Kleidung wünschen würde.

Wenn jetzt ein Kleidungsstück dieses Siegel nicht trägt, heißt es doch im Umkehrschluss, dass ich ein durch Kinderhand genähtes, mit krebserregenden Stoffen gefärbtes, mit Chemiekeulen gespritztes und unter lebensbedrohlichen Zuständen erzeugtes Kleidungsstück tragen könnte. Und das ist doch gruselig, oder? Also da kann das Shirt noch so billig sein, das mache ich nicht mehr mit. Die Welt wäre sehr dankbar, wenn wir wieder auf Qualität achten, die Siegel nutzen, die es gibt, und unseren Konsum etwas reduzieren. Es gibt mittlerweile genug Hersteller, die auch ihren Unternehmenssinn auf eine nachhaltige Produktion ausrichten. Das finde ich grandios. GOTS-zertifizierte Baumwolle und Meeresplastik-Funktionskleidung ist jetzt total in.

Sie müssen es Ihren Liebsten nur richtig verkaufen, dann freut Mann sich auch wieder über ökologisch hergestellte Socken unter dem Weihnachtsbaum.

TEIL 3

GENIESSEN

KAPITEL 24

DIE EISBÄREN IN IHREM LEBEN

Jetzt noch mal ein bisschen was zum Angstmachen, bevor wir zum Genießen kommen. Vor einiger Zeit habe ich eine grandiose Dokumentation über das Leben einer Eisbärenfamilie gesehen. Stellen Sie sich folgende Szene vor: Weiße Eisschollen treiben im Meer, die Sonne steht hoch am stahlblauen Himmel, tiefdunkles Wasser. Es ist viel zu warm für diese Jahreszeit, und das Packeis hat sich gelöst, ein Flickenteppich an einzelnen Eisschollen ist entstanden. Die große zusammenhängende Eisfläche existiert nicht mehr. Die Eisbären-Mama tigert über eine Scholle und blickt unruhig ins Wasser. Neben ihr spielen zwei kleine schnuckelige, knuddelig-süße Eisbärchen. Sie wissen schon, diese ganz kleinen flauschigen Knäule, die man sofort in den Arm schließen und kraulen möchte. Die Bärin hat ein Problem, und das heißt Hunger. Wenn sich nämlich die große Eisfläche auflöst, lassen sich auch Robben wesentlich schwieriger fangen. Bei geschlossener Eisdecke muss ein Eisbär eigentlich nur an einem Atemloch der Robben im Eis warten und, wenn die Robbe da wieder auftaucht, um Luft zu holen, zuschlagen. Wenn das Eis ein einziger Flickenteppich ist, können die Robben überall auftauchen, die Jagd wird wesentlich anstrengender und langwierig, und vor allem braucht es wesentlich mehr Anläufe, um zum Erfolg zu gelangen. So hat unsere Mama hier schon lange kein Tier mehr erlegt, deswegen auch die Unruhe. Hier geht es nicht mehr weiter, die nächste Eisscholle ist weit weg, ab ins Wasser. Aber die Mutter zögert, denn sie weiß, dass ihre Kleinen das lange Schwimmen im Wasser vielleicht nicht schaffen werden. Aber sie hat keine andere Wahl, der Hunger, der Jagdinstinkt veranlasst sie, eine schwere Entscheidung zu treffen. Sie springt ins Wasser und schwimmt los. Die beiden kleinen Bärchen hinterher. Bald ermüdet aber eines der Kleinen, kehrt von sich aus um und schafft es gerade noch, wieder auf die Scholle zu klettern, wo die Familie vor zehn Minuten aufgebrochen war. Das Kleine schreit kläglich nach seiner Mutter, aber die kann nicht mehr zurück. Sie schwimmt weiter, der nächsten Scholle entgegen. Das zurückgelassene Kleine wimmert und jault. Es läuft am Rand der Scholle auf und ab, aber die Erschöpfung und der Hunger fordern ihren Tribut. Der kleine Eisbär stirbt kurze Zeit später.

Das fand ich so unendlich traurig, das ein oder andere Tränchen musste da erst trocknen. Einerseits hat mich natürlich die Tragödie um den kleinen Eisbären tief bewegt, aber auch die Tatsache, dass eine Tiermutter ihr eigenes Kind im Stich lassen muss, weil sonst das eigene Überleben auf dem Spiel steht. Und warum? Ja, natürlich ist einmal wieder die Menschheit schuld an diesem Desaster. Ohne Klimawandel keine Eisschmelze, keine toten Eisbären. Recht simpel, oder? Jetzt könnten Sie natürlich sagen, das ist zwar traurig mit dem Eisbären, aber ob jetzt die Polkappen schmelzen oder nicht, wird doch mein Leben nicht beeinflussen. Da kann ich Sie aber beunruhigen.

Vor Kurzem kam eine Studie[30] von amerikanischen Forschern heraus, welche die Auswirkungen der Eisschmelze auf den Anstieg des Meeresspiegels in den nächsten 30 bis 70 Jahren untersucht. Interessant an dieser Studie ist, dass die Wissenschaftler eine Weltkarte angefertigt haben und die Bereiche, die entweder durch Überflutungen oder schon generell unter dem Meeresspiegel liegen werden, rot eingefärbt haben. Und das ist ein Augenöffner. Die roten Landstriche stechen ins Auge und müssen einen nachdenklich stimmen. Die Niederlande wird großteils nicht mehr existieren, die deutsche Nordseeküste hinweggefegt, Sylt unter Wasser. Was mich vor allem erschreckt, ist das Bild von Bremen und Hamburg. Die Hansestadt Bremen wird nahezu komplett unter Wasser liegen, bei Hamburg zumindest der Teil südlich der Elbe. Ich sag mal so, ich würde mir in Bremen jetzt kein Haus mehr kaufen. Stellen Sie sich doch einmal vor, Sie zahlen das 30 Jahre ab, und wenn Ihr Eigenheim auch wirklich Ihnen gehört, ist es überflutet. Das ist doch unschön. Aber genau über diesen Zeitraum sprechen wir. Nicht einmal mehr 30 Jahre, genauer gesagt, die Simulationen zeigen einen Bereich, der bis 2050 betroffen sein wird und dann noch einmal bis 2100. Bis 2050 werden weltweit in etwa 300 Millionen Menschen vor dem steigenden Meeresspiegel flüchten müssen, bis 2100 kommen nochmals 200 Millionen dazu. Betroffen sein wird neben Westeuropa vor allem Asien. Weite Teile von Vietnam werden überflutet sein, aber auch der Wirtschaftsstandort Shanghai liegt dann tendenziell eher unter Wasser als darüber. Die Landwirtschaft in Asien wird massiv unter Druck geraten, da Ländereien, welche regelmäßig von Salzwasser überflutet werden, sich eben schlecht für einen normalen Ackerbau eignen.

All dies wird eine massive Migration zur Folge haben, die wir uns momentan nicht einmal in unseren kühnsten Albträumen vorstellen können. All diese Berechnungen basieren jedoch auf der Annahme, dass der weltweite CO_2-Ausstoß nicht zurückgeht. Es gibt also noch Hoffnung. Letztlich muss es aber an jedem von uns liegen, hier die Verantwortung für sein eigenes Sein zu übernehmen. Das passende Wort dafür ist Eigenverantwortung. Nicht die Politik, nicht Ihr Arbeitgeber, nicht Ihre Familie, sondern nur Sie selbst sind für Ihr Leben verantwortlich. Hier hilft es wenig, in eine Opferrolle zu verfallen und zu jammern.

Jeder von uns ist für sein eigenes Verhalten verantwortlich, und dieses Verhalten sollte im besten Falle nachhaltig sein.

Wir lassen uns gern von gesellschaftlichen Konventionen leiten und sind dann enttäuscht, wenn das Ergebnis anders ausfällt, als wir erwartet haben. Wir können uns beim Thema Nachhaltigkeit, Klima und Umweltschutz nicht auf andere verlassen, wir müssen für unser Verhalten die volle Verantwortung übernehmen. Wir müssen tätig werden, wir müssen mit gutem Beispiel vorangehen. Sie kennen ja vielleicht den schon total abgedroschenen Spruch, der das Wort »Team« erklären soll: »Toll, ein anderer macht's«. Wenn wir mit diesem Mindset das Thema Nachhaltigkeit angehen, haben wir bereits verloren. Aber was braucht es, damit wir unsere eigene Verantwortung für unser Tun annehmen?

Zunächst müssen wir verstehen, dass wir mit dem Thema Eigenverantwortung in all unseren Lebensbereichen zu tun haben: Sie wollen abnehmen. Wer ist dafür verantwortlich? Ihr Umfeld oder Sie? Natürlich: Sie. Sie wollen eine bessere Beziehung führen. Wer ist dafür verantwortlich? Ihr Partner oder Sie? Die Antwortet lautet: Sie. Sie wollen eine bessere Bezahlung in Ihrem Job. Wer ist dafür verantwortlich? Ihr Arbeitgeber oder Sie? Sie werden es kaum glauben, aber natürlich Sie. Sie, Sie, Sie, Sie. Sie allein sind für Ihr Leben verantwortlich. Kein anderer. Wenn Sie nun gerne Ihren Lebenskompass etwas nach N ausrichten möchten, also in Richtung Nachhaltigkeit, dann liegt es auch an Ihnen, dies umzusetzen. Denn was Sie immer bedenken müssen, ist: Wenn viele Menschen eine klitzekleine positive Änderung ihrer Lebensgewohnheiten ausführen, dann sind die Auswirkungen in der Summe enorm.

Was ich mit diesem ganzen Kapitel ausdrücken möchte, ist, dass Sie sich bewusst nicht ärgern, wenn Ihr Nachbar einmal wieder beutelweise das in Alu eingepackte Fastfood vom Griechen nach Hause schleppt. Sie können es besser machen, sofern Sie dies auch wollen. Aber denken Sie immer daran, warten Sie nicht, bis es Boni, Gesetze oder sonstige Vorgaben von der Bundesregierung gibt. Kommen Sie selbst ins Handeln. Nehmen Sie die Challenge an und machen Sie einen Unterschied in unserer Gesellschaft!

Die Eisbärenmutter hat Verantwortung für ihr Leben und das von zumindest einem Jungen übernommen. Indem sie eines opferte, schaffte sie es, dem anderen Jungtier das Überleben zu sichern. Wäre sie unentschlossen und auf Hilfe wartend auf ihrer Eisscholle geblieben, so wären am Ende alle gestorben. Der auf den ersten Blick einfachste Weg, nämlich zu warten oder umzudrehen, hätte für die komplette Familie den Untergang bedeutet. Die Eisbärin hat eine Entscheidung getroffen und die Verantwortung dafür übernommen. Sie musste mit den traurigen Konsequenzen leben.

So drastisch wird Ihre Eigenverantwortung hoffentlich nicht, aber ich finde, die Geschichte zeigt schön, dass der vermeintlich einfachste Weg nicht immer der Beste ist. Aber wer hat gesagt, dass die Verzögerung des Klimawandels eine einfache Sache wird …

KAPITEL 25

KENNEN SIE ENERGIESTAUBSAUGER?

Vielleicht erinnern Sie sich noch an das 3. Kapitel in diesem Buch. Dort habe ich ganz großkotzig vom wichtigsten Kapitel im ganzen Buch geschrieben. Mag zwar nicht so unterhaltsam gewesen sein, aber die Quintessenz dieses Kapitels ist das Fundament von allem. Jetzt wollen wir noch einmal ein wenig Thermodynamik in unseren eigenen Alltag einbauen, genauer genommen unseren Körper genauer unter die Lupe nehmen. Irgendwie hat doch unsere Gesellschaft aus gesundheitlicher Sicht mit einigen Problemen zu kämpfen, darunter Burn-out, Bore-out und Übergewicht. Aus meiner beschränkten Ingenieurssicht können wir uns jedoch bei all diesen Problemen zumindest vereinfacht mit den Sätzen der Energie- und Massenerhaltung weiterhelfen.

Ich weiß, der menschliche Körper ist hochkomplex, und ich möchte, darf und kann auch gar keine ärztlichen oder psychologischen Aussagen treffen. Nehmen Sie Folgendes als Inspiration auf und holen Sie sich bei Bedarf von Experten Hilfe. Aber starten wir mit meiner persönlichen Meinung zum Thema Übergewicht. Letztlich fragen sich immer wieder viele Menschen, warum sie kein Gewicht verlieren, sondern morgens die Waage immer ein wenig mehr ausschlägt. Dabei ist die Antwort einfach. Jeder Körper verbraucht eine gewisse Menge an Energie am Tag, um alle lebensnotwendigen Funktionen am Laufen zu halten. Dabei geht Energie in unser eigenes Wärmekraftwerk, das unsere Temperatur konstant bei 37 °C hält. Unser Gehirn verbraucht jede Menge Energie und natürlich auch alles andere, was so unscheinbar und automatisch in unserem Körper abläuft. Wir sind eine unfassbar geniale Prozessfabrik, die selbst die klügsten Ingenieure nicht nachbauen können.

Also, wir verbrauchen eine gewisse Menge an Energie, auch wenn wir rein gar nichts machen. Das nennt man den Grundumsatz. Hinzu kommen dann noch unsere bewussten Bewegungen, also Laufen, Sport machen und Rumstehen. Diese beiden Energieströme addieren wir auf und setzen das negative Vorzeichen davor, weil wir diese Energie verbrauchen. Gemäß dem Energieerhaltungsgesetz müssen wir dem Körper also genau so viel Energie wieder zuführen, sonst funktioniert er nicht. Wären wir Maschinen, würden wir ganz einfach ausgehen, wenn die zugeführte Energie aufgebraucht wäre, oder wir würden immer weiterarbeiten, falls noch Energie vorhanden ist. Unser Körper ist aber eine Spur komplexer und hat sich ein Akkusystem zugelegt, nämlich Fett und Muskeln. Beides speichert bei Bedarf überschüssige Energie, um diese im Notfall wieder abzugeben, nämlich dann, wenn der Körper zu wenig Nahrung zu sich nimmt. Der Körper muss ja trotzdem weiter funktionieren.

Und das ist das ganze Problem an unserem Gewicht. Diese kleinen Fettspeicher sind Fluch und Segen zugleich. Waren diese für unsere Vorfahren lebensnotwendig, um einen harten Winter zu überstehen, bereitet uns dieser Speicher nun große Probleme. Im Prinzip ist es dennoch sehr einfach: Wir alle dürfen nicht mehr Energie zu uns nehmen, als wir verbrauchen. Das ist alles. Da wir diesen Speicher haben, formuliere ich das noch etwas um: Wir dürfen im Durchschnitt nicht mehr Energie (Nahrung) zu uns nehmen, als wir auch wieder in der Lage sind zu verbrauchen. Wenn wir zu viel Nahrung zuführen, bauen wir Fettreserven auf, und sobald das Fett da ist, ist es schwer, es wieder loszuwerden. Und hier scheiden sich die Geister, wie das am besten geht. Nicht von ungefähr ist der Markt, der sich mit Abnehmen beschäftigt, gewaltig. Aber behalten Sie gerne als Inspiration im Hinterkopf, dass Sie auf Dauer nur weniger Energie durch Nahrung zu sich nehmen müssen, als Sie verbrauchen, um langfristig Gewicht zu verlieren. Klingt simpel, fällt mir aber auch schwer.

Burn-out und Bore-out haben ebenfalls mit Energie zu tun, aber eher auf einer geistigen Ebene.

Um Sie noch kurz abzuholen, vermutlich kennt jeder von uns jemanden, der an Burn-out leidet oder gelitten hat, einem Überarbeitungs-Syndrom. Wenige kennen jedoch den Bore-out, der aber nicht weniger gefährlich ist. Fühlen sich Menschen auf Dauer unterfordert und gelangweilt im Job, manifestieren sich ebenso körperliche Beschwerden. Meist müssen diese Menschen auf Dauer Aufgaben erledigen, die ihnen widerstreben und nicht ihren eigentlichen Fähigkeiten entsprechen. Aber wie passt hier die Energie mit rein?

Ja, es gibt sie, die Energiestaubsauger, und jeder von uns kennt mindestens ein Mitglied dieser Spezies. Ich meine damit Menschen, die über alles und jeden meckern und Sie mit destruktiver Meinung beeinflussen wollen. Solche Menschen ziehen förmlich die Energie aus Ihnen heraus, diese Gespräche empfinden Sie als anstrengend, und nach diesen Unterhaltungen geht es Ihnen miserabel. Wir alle müssen mal meckern, und das ist auch gut so, aber wir sollten uns stets die Frage stellen, wie wir das Problem positiv beeinflussen oder lösen können. Wir sollten uns zum Ziel setzen, sofort ins Konstruktive zu wechseln und damit wieder die Kontrolle zu übernehmen. Über Probleme zu meckern, die wir nicht beeinflussen können, ist hingegen total energieraubend, und es lohnt sich einfach nicht, sich damit zu beschäftigen. Demnach wäre das einzig Richtige, solche Gespräche sofort abzubrechen. Denn auch hier gilt der Energieerhaltungssatz: Wenn uns Energie entzogen wird, sei es durch die Arbeit oder unser Umfeld, und wir gleichzeitig nicht dafür sorgen, dass wir uns selbst wieder erholen, also wieder mit Energie betanken, dann werden wir über kurz oder lang krank.

Immer wenn Ihnen alles zu viel wird, sollten Sie Folgendes tun: Als Erstes beenden Sie Ihre jetzige Beschäftigung, schließen die Augen und stellen sich diese Frage: Was möchte ich gerade tun, was wäre jetzt das Beste für mich? Diese Frage können Sie sich etwa eine Minute lang stellen, und das Verblüffende daran ist, dass Sie dann eine Antwort haben. Das kann banal sein, wie einen Apfel essen, fünf Minuten aus dem Fenster schauen, kurz frische Luft schnappen, einen Spaziergang machen, einen Kaffee oder Tee trinken oder auch eine vorbeiziehende Wolke beobachten und den Gedanken nachhängen. Alles ist erlaubt, sollte aber Ihrem Wunsch entsprechen. All das ist trivial, aber durch das bewusste Innehalten und Neuordnen wird Sie dieser Ansatz zutiefst befreien und mit Energie vollpumpen. Und falls Sie Hunger verspüren, darf es ausnahmsweise auch mal ein wundervolles, knuspriges und butteriges Pain au chocolat sein. Was mir persönlich auch immer sehr gut hilft, um mich mit Energie zu fluten, ist, Sport zu machen. Thermodynamisch ist das erst einmal paradox. Ich verbrauche durch den Sport chemisch gebundene Energie in meinen Muskelzellen, fühle mich nach dem Sport aber energiegeladen und euphorisch. (Das gilt aber nur so lange, bis ich mich mal wieder verausgabe). Dabei würde eine Minute auf der Stelle hüpfen schon ausreichen, um den ganzen Kreislauf wieder in Gang zu bringen, weil dadurch mehr Sauerstoff ins Gehirn kommt und der Stofftransport mit Nährstoffen aus dem Blut besser wird. Und ganz automatisch werden Sie sich fitter fühlen. Bei unserer Ernährung fällt diese eine Minute Muskelstrapazen natürlich kaum ins Gewicht. Daher ist das Paradox – wir verbrauchen Energie, um mehr Energie zu haben – in diesem Falle wohl korrekt.

Und dann gibt es da natürlich noch meine Lieblingsbeschäftigung, um nach einem stressigen oder auch langweiligen Tag meine angefutterten Kalorien wieder loszuwerden. Sozusagen ein Gesundheits-Tripple. Aber dazu mehr im kommenden Kapitel.

KAPITEL 26

AUF IN DIE NATUR

Ich hatte das Glück, einen Lehrer in Biologie und Chemie zu haben, der eine Gabe besaß, nämlich in uns eine Faszination zu erzeugen. Wir saßen wie gebannt in seinen Unterrichtsstunden und wollten immer mehr, immer Neues, immer Faszinierenderes über diese Natur erfahren, die uns alle umgibt. Aber wie hat er das bloß bewerkstelligt, was hat er anders gemacht als all die Lehrer, die uns einfach nur langweilten? Wenn ich darüber nachdenke, ist das Entscheidende wohl die Authentizität gewesen. Er lebte sein Fach in all seinem Tun, ihm war es wichtig, uns das beizubringen, und er schaffte den Spagat zwischen trockenem Lehrplan und faszinierenden Beispielen und Geschichten. Er wollte uns für sein Fach begeistern, denn eines hatte er begriffen:

Wenn jemand fasziniert ist, lernt er ganz automatisch und hat auch noch Spaß dabei.

Wissen Sie, wenn man sich mit der Natur, den Pflanzen, dem Tier- und Pilzreich auseinandersetzt, ist man immer wieder aufs Neue verblüfft. Ich sitze dann immer da und denke mir, Mensch, wie hat sich das denn entwickelt, einfach grandios. Immens faszinierend finde ich vor allem Symbiosen zwischen Tieren und Pflanzen, Pflanzen und Pilzen oder auch zwischen mehreren Tierarten. Symbiosen sind sozusagen ein natürliches Teamplay mit einer Win-win-Situation für beide Parteien, um es Neudeutsch auszudrücken. Und da gibt es die verrücktesten Partnerschaften. In Südamerika lebt etwa die Riesenvogelspinne. Als Raubspinne ist sie nicht so wählerisch bei ihrer Beute und frisst so gut wie alles an Insekten und kleinen Tieren, was ihr vor die Fresswerkzeuge läuft. Die Spinne hat nur ein Problem. Da sie ihr Nest im Boden baut, sind ihre Eier vor Fressfeinden wie Milben und anderen kleinen Insekten relativ ungeschützt. Hier kommt jetzt eine kleine Froschart ins Spiel. Dieser Frosch frisst die Milben im Nest der Spinne und beschützt sozusagen die Eier. Im Gegenzug beschützt wiederum die Spinne den Frosch vor Feinden, und auch sie selbst frisst ihn nicht. Coole Sache.

Eine noch stärkere gegenseitige Abhängigkeit haben der Paranussbaum, die Prachtbiene und das Aguti entwickelt. Das Aguti ist so eine Art Meerschweinchen und lebt im südamerikanischen Regenwald. Das Aguti ist das einzige Tier, was reife Paranüsse knacken kann. Diese Nüsse fallen in einem Verbund auf den Boden. Das Aguti geht alsbald an die Arbeit und öffnet erst die harte Außennuss, fischt sich die uns bekannten Paranüsse raus und knackt diese dann mit seinen Schneidezähnen. Anschließend wird ein Gutteil der Nüsse verbuddelt. Da das Aguti aber recht vergesslich ist, findet es bei Weitem nicht mehr alle Verstecke, und neue Paranussbäume können sprießen. Die Blüten des Nussbaumes wiederum können nur von Insekten mit besonders langen Rüsseln oder Zungen bestäubt werden, der Auftritt der

Prachtbiene. Alle drei Arten profitieren voneinander. Stellen Sie sich vor, einer dieser drei Schlüsselspieler scheidet aus dem Spiel aus, weil er vielleicht einfach ausstirbt. Dann bricht das ganze über Jahrmillionen perfektionierte Kartenhaus zusammen.

Wenn man sich ein paar dieser Geschichten anschaut, stellt man fest, dass die Natur einem eigentlich alles vormacht, was uns Persönlichkeitstrainer auch immer erzählen: Fokussiere dich auf deine Stärken und hole dir für deine Schwächen einen Partner und delegiere die Aufgabe. Perfektes Beispiel hierzu ist die Symbiose aus einem Fisch und einem Krebs, die sogar zusammen in der gleichen Höhle am Meeresgrund leben. Der Krebs ist fast blind und würde zügig vom Meeresgrund wegverputzt werden, da er seinen Fressfeind erst sieht, wenn das Maul schon voll auf ist. Aber dieser Krebs hat eine Stärke, er kann wundervolle Höhlen bauen, er ist ein blinder Baumeister, ein mit Vorstellungskraft gesegneter Unterwasserarchitekt. Sein Symbiosenfreund ist ein kleiner Fisch, der keine Höhlen bauen kann und so sehr schnell verschlungen werden würde, weil er sich nirgends verstecken kann. Aber dieser Fisch hat eine andere Stärke, er kann megagut sehen. Er erspäht von Weitem schon jeden größeren Fisch mit Appetit und gibt das an den Krebs weiter, der schnell die Höhle klarmacht, und beide huschen in das sichere Erdloch. Am Abend ziehen sich Fisch und Krebs in die gleiche Höhle zurück, und der Krebs verschließt die Tür. Home, sweet Home.

Eine Geschichte muss ich Ihnen unbedingt noch erzählen: Ich las meiner Tochter ein Kinderbuch vor, das Mark-Uwe Kling geschrieben hatte. Sie wissen schon, der ungemein lustige und intelligente Autor der Bücher mit dem kommunistischen Känguru. Die Kinderbücher sind so toll, weil diese einen Witz versprühen, der vor allem den Eltern die Lachtränen in die Augen treibt, aber auch noch drollig genug ist, um die Kleinen zu begeistern. In jenem Buch ging es um einen Opa, der einen Wasserkocher auf den Herd gestellt hat, was jetzt nicht wirklich was mit meiner Naturgeschichte zu tun hat, es sei aber der Vollständigkeit halber dennoch erwähnt. Könnte ja sein, dass Sie das gerne einmal nachlesen wollen. Auf jeden Fall mag der Opa gerne Fische, und daher wird beiläufig der Name Glaskopffisch fallen gelassen. Das ist aber ein richtig cooles Teil, also der Fisch, nicht der Opa. Dieser Fisch lebt in der Tiefsee und frisst gerne Quallen. Jetzt hat sich Mutter Natur etwas geradezu fantastisch Grandioses ausgedacht. Die frühen Vorfahren des Glaskopffisches hatten nämlich ein Problem. So gerne sie die Quallen auch fraßen, so zerstörerisch für den Kopf des Fisches war doch die Jagd auf diese Quallen, da die giftigen Nesseln vor allem die Augen der Fische blendeten. (»Ich spuck dir ins Auge und blende dich.«[31]) Problem erkannt, Problem gebannt: Der Fisch hat nun nach Jahrtausenden der Evolution die Augen innerhalb des Kopfes. Wäre halt nur blöd, wenn der Fischkopf wie immer undurchsichtig wäre. Also wurde der vordere Teil des Kopfes durchsichtig. Eine durchsichtige Haube umspannt nun den Kopf, diese ist zusätzlich mit Flüssigkeit gefüllt, um die Augen, die nun geschützt hinter dieser Haube liegen, gegen die Nesseln immun zu machen. Einfach nur wow, was sich die Tierwelt da wieder ausgedacht hat. Ein Wahnsinn. Der Opa aus dem Buch fand das faszinierend und ich auch. Unsere Natur ist so grandios, solche faszinierenden Geschichten finden Sie tausendfach. Ich könnte solche Geschichten stundenlang lesen oder mir erzählen lassen. Ich hoffe, es geht Ihnen ähnlich. Eine gute Lektüre für besondere Naturgeschichten war und ist die Zeitschrift GEO, welche ich sehr gerne empfehle. Oder das eine oder andere Kinderbuch.

Warum wir diese Geschichten brauchen? Weil es unsere Aufgabe ist, die Aufgabe von jedem von uns, diese Natur zu bewahren. Ich kann das am besten, wenn ich fasziniert bin. Je mehr Sie über die Natur um sich herum erfahren und lernen, desto eher laufen Sie mit einem Staunen durch diese Welt. Wie ein kleines Kind, das zum ersten Mal durch einen Haufen goldenen Herbstlaubes knistert, müssen wir uns fühlen, wenn wir draußen in der Natur unterwegs sind. Entdeckergeist gepaart mit Begeisterungsfähigkeit. Dann passiert nämlich etwas ganz Erstaunliches. Wir hetzen nicht mehr durch den Alltag, sondern genießen die frische Luft, den leichten Wind, die weißen Wolken am Himmel, die wie kleine Wattebäuschchen über den Himmel ziehen. Wir sehen bewusst die Blätter, die vom Baum geweht werden. Wir riechen, wir schmecken, wir fühlen. Und das ist wunderschön. Wenn wir spazieren gehen, gehen wir spazieren. Wenn wir Bäume ansehen, sehen wir Bäume an. Wenn wir barfuß im nassen Gras laufen, laufen wir barfuß im nassen Gras. Das nennt man dann übrigens ACHTSAMKEIT.

Einer meiner Lieblingsfilme der letzten Jahre ist der Film »Soul« von Disney Pixar, ein Film voller Inspiration, und lustig ist er auch noch. Gegen Ende des Films hat die Hauptfigur eine alles entscheidende Eingebung. Es geht nicht immer um größer, schneller, weiter, sondern darum, einfach zu leben und dieses Leben zu genießen. Eine fantastische Quintessenz. »I'm going to live every minute of it.«[32] Ich werde jede einzelne Minute meines Lebens leben. Gehen Sie raus, genießen Sie, klopfen Sie sich selbst auf die Schulter und sagen: »Danke, du hilfst mit, dass diese fantastische Natur erhalten bleibt. Ich danke dir, der Nachbar dankt dir, deine Kollegen danken dir, aber vor allem deine Kinder danken es dir.«

Unsere Welt ist so schnelllebig geworden, wir hetzen nur noch vor uns hin. Der bewusste Aufenthalt in der Natur hilft zu entschleunigen. Wenn Sie sich auf den Wald, die Wiese oder den See fokussieren, fährt Ihr Körper automatisch in einen Erholungszustand. Einerseits entspannen Sie, der Stress fällt ab, und andererseits können Sie damit Ihre eigenen Akkus wieder mit Energie aufladen. Ein schönes Schlagwort dazu ist das Waldbaden, ursprünglich aus Japan stammend, nun auch in Europa heimisch. Ich persönlich liebe es, im Wald spazieren zu gehen. Ich bin nur immer wieder überrascht, dass ich vor allem Menschen mit Tieren, also mit Hunden oder Pferden, begegne, aber wenigen, die allein mit sich durch den Wald streifen. Dabei ist es so erholsam, sich auf eine lichtdurchflutete Waldlichtung zu stellen, die Bäume um einen herum zu bewundern und einfach einmal zu lauschen. Stille. Stille, die man lernen muss zu ertragen, und dann ist es einfach nur wunderschön. Einfach mal nichts machen und nur bewusst im Wald sein. Herrlich.

Indem wir uns also bewusst durch unsere grüne Umwelt bewegen, schlagen wir zwei Fliegen mit einer Klappe. Zum einen helfen wir uns selbst, ein ausbalanciertes Leben zu führen und unseren eigenen Energiespeicher wieder zu füllen, und zweitens erkennen wir dann automatisch die Faszination und Grandiosität in dieser Natur, was uns wiederum unbewusst und bewusst zu einem nachhaltigen Verhalten bewegt.

KAPITEL 27

ICH HASSE NACHHALTIGKEIT

Was meinen Sie, welches Wort in mir Übelkeitsgefühle erweckt? Meine Gefühle gegenüber dem Wort sind extrem negativ und keinesfalls jugendfrei zu beschreiben. Eigentlich ein Wort, das ich gerne aus meinem Wortschatz streichen möchte – gäbe da es nicht ein kleines Problem. Es handelt sich nämlich um das inflationär gebrauchte Wort NACHHALTIGKEIT. Jetzt finden Sie vielleicht, dass dies schon eine harte Nummer ist von jemandem, der ein ganzes Buch über das Thema Nachhaltigkeit schreibt und sein ganzes Berufsleben lang damit zu tun hat. Aber lassen Sie mich dieses Paradox auflösen. Wenn ich Ihnen jetzt erzähle, dass das Wort Nachhaltigkeit nicht geschützt ist, mag Sie das eventuell verblüffen, aber so ist es.

Alles darf sich nachhaltig schimpfen, es gibt weder Richtlinien noch beschreibende Normen, Siegel oder sonst etwas Prüfbares. Sie können Ihr Produkt einfach nachhaltig nennen, und das war es dann.

Und das ist das Problem an der Sache. Wenn Hans und Franz im Schrebergarten ein Müllfeuer anzünden, können sie das problemlos als nachhaltig bezeichnen; wenn Sie ein Kosmetikstudio eröffnen und Öko-Tücher verwenden, sind Sie nachhaltig, und wenn Sie als EU-Kommission Atomkraftwerke als nachhaltig einstufen wollen, dann sind diese eben nachhaltig. Der größte Witz ever. Da musste ich echt lachen, als ich das gelesen habe. Atomkraftwerke und Gaskraftwerke sind nachhaltig. Wie kommt man denn auf so eine Idee?

Vielleicht schauen wir uns das Wort Nachhaltigkeit etwas genauer an, den eigentlichen Wortsinn. Die deutsche Sprache ist ja immer sehr korrekt. Also ist etwas nachhaltig, wenn es nachhält, also im zeitlichen Ablauf nicht nachlässt, sondern weiterwirkt. Man könnte also sagen, nachhaltig bist du dann, wenn deine Wirkung über lange Zeit konstant ist. Und hier muss ich meinen Hut vor der EU-Kommission ziehen, denn was für eine Meisterleistung ist das, ein Atomkraftwerk als nachhaltig einzustufen? Na klar ist das nachhaltig, der Atommüll wird nämlich noch ganz lange nachhalten und seine Wirkung entfalten. Ganz großes Kino. Aber bevor der Sarkasmus-Detektor jetzt gleich explodiert, schlage ich vor, wir versuchen, uns ein besseres Wort oder eine sinnvolle Bedeutung zu überlegen.

Also, was soll das Wort Nachhaltigkeit denn eigentlich bedeuten? Grundlegend sollte das entsprechende Produkt, Verfahren oder was auch immer entsprechend umwelt- und/oder klimafreundlich sein. Es kann entweder Müll reduzieren, recycelte Stoffe verwenden, regenerative Energien nutzen, mit wenig oder kaum fossilen oder endlichen Substanzen auskommen und bei der Herstellung auch noch kein/wenig CO_2 freisetzen. Und das ganze Konstrukt sollte sinnvoll sein. Ich meine damit, dass man eben nicht nur einen winzigen Bereich isoliert betrachtet (wie die Öko-Tücher im Kosmetikstudio), sondern alles zusammen. Ich würde also gerne ein vollkommen anderes Wort benutzen. Haben Sie eine Idee, dann schreiben Sie mir diese gerne. Ich werde ab jetzt für mich das Wort SINNHALTIGKEIT verwenden. Ich finde das ganz charmant. Etwas erhält den Sinn. Und unter Sinn verstehe ich den ultimativen Sinn unserer Zeit. Denn was kann mehr Sinn haben, als unsere Umwelt zu bewahren? Ein sinnhaltiges Kosmetikstudio müsste so zum Beispiel alle Produkte von Herstellern beziehen, die auf faire Löhne und Naturprodukte setzen. Die eigenen Mitarbeiter müssten entsprechend vergütet werden, es müsste einen Teil des Strombedarfs selbst decken, Wegwerfartikel eliminieren oder entsprechend wertig einkaufen. Der Müll müsste recycelt werden und die Logistik so weit wie möglich lokal aufgebaut werden.

Jetzt mögen Sie vielleicht an der Umsetzbarkeit zweifeln. Ja, mag schon sein, aber erstens soll das nur als anschauliches Beispiel dienen, und zweitens, und das ist noch viel wichtiger, möchte ich Sie ermutigen, Dinge nicht einfach als gegeben hinzunehmen. Wenn Sie das Wort Nachhaltigkeit hören, wünsche ich mir, dass bei Ihnen eine rote Warnlampe im Hirn angeht und Sie veranlasst, darüber nachzudenken und Ihre eigene Meinung über das entsprechende Produkt zu bilden. Vielleicht ist es ja einfach grober Unsinn und nur exzellentes Marketing.

Und das mit dem Sinn ist ja so wichtig, auch in einem anderen Bereich. Aber lassen Sie mich Ihnen dazu gerne eine Frage stellen. Warum tun Sie sich das an? Warum lesen Sie überhaupt dieses Buch? Warum gehen Sie nicht den einfachen Weg und leben einfach vor sich hin, ohne den geringsten Zweifel an Ihrem Tun und ohne Rücksicht auf Verluste? Was ist Ihr innerer Antrieb? Jeden Tag, wenn Sie morgens aufstehen, tun Sie dies aus einem bestimmten Grund. Haben Sie sich schon einmal überlegt, was Ihr innerer Antrieb ist?

Was ist Ihr Sinn, warum Sie Ihr Leben so leben, wie Sie es leben?

Das mag jetzt sehr philosophisch anmuten, aber diese Frage nach dem Sinn müssen wir uns tatsächlich stellen. Wenn Sie einfach nur aufstehen und arbeiten, damit Sie arbeiten, werden Sie nicht weit kommen im Leben, und so richtig Spaß wird es Ihnen auch nicht machen. Auf der anderen Seite:

Sobald Sie Ihren inneren Antrieb gefunden haben, können Sie all Ihr Tun danach ausrichten, und das ist nicht nur befreiend, sondern Sie wechseln damit auf die Überholspur des Lebens.

Was mein innerer Antrieb ist? Dazu muss ich sagen, dass ich die Natur schon immer faszinierend fand. Ich hoffe, das haben Sie auch schon etwas aus diesem Buch herausgelesen. Also hatte sich mein Studium auch in diesem Bereich bewegt, ganz einfach, weil mir die Biologie und die Naturwissenschaften und das Technische Spaß machen. So hatte sich mein Leben entwickelt, aber einen richtigen inneren Antrieb habe ich erst erhalten, als meine Tochter geboren wurde. Wenn Sie selbst Kinder haben, dann wissen Sie, dass Sie alles für Ihre Kinder tun würden. Und so kombinierte ich mein Wissen und meine Fähigkeiten mit dem inneren Antrieb, meine Tochter zu schützen, und mache nun das, was ich eben mache. Ich sehe meine Tochter, wie sie aufwächst in einer sterbenden Welt. Das möchte ich nicht, also habe ich mich fürs Retten entschieden. Mein Sinn, mein innerer Antrieb oder mein Purpose ist folgender: Ich schaffe ein zukunftsorientiertes und differenziertes Mindset und ermächtige Sie, Ihr Leben ganzheitlich nachhaltig auszurichten. Das mache ich für Ihre und meine Kinder und trage dazu bei, diese Welt auch für die zukünftigen Generationen zu erhalten.

Jetzt können Sie natürlich fragen, wie auch Sie zu so einem inneren Zweck kommen. Da helfe ich Ihnen gerne. Am besten, Sie nehmen sich einen großen Zettel und ganz viele bunte Klebezettelchen. Dann beginnen Sie auf jeden dieser Zettel eine Person oder ein Unternehmen/eine Institution aufzuschreiben, die von Ihnen profitiert. Also die etwas davon hat, dass es Sie gibt. Da werden dann Freunde und Verwandte draufstehen, aber auch zum Beispiel der Staat, denn dem zahlen Sie ja Steuern. Ihr Beruf wird hier natürlich auch eine wesentliche Rolle spielen. Das schreiben Sie erst einmal runter, ohne Wertung oder Gewichtung, einfach mal die Birne auf Ihrer Schulter leerschreiben.

Jetzt folgt Schritt zwei. Jetzt nehmen Sie sich wiederum ein neues Blatt und neue Klebezettel und überlegen sich, welchen Mehrwert Sie ganz konkret diesen Menschen geben. Also was Sie tun, dass es den anderen besser geht. Also wiederum das Beispiel mit dem Staat. Aufs zweite Kärtchen würden Sie jetzt »Steuern zahlen« schreiben. Anschließend bilden Sie für diese Tätigkeiten Kategorien. Also zum Beispiel gibt es eine Kategorie Gemeinwohl, eine Kategorie Sicherheit usw. Und jetzt fangen Sie an, die ersten Kärtchen mit den zweiten zu kombinieren, und zwar so, wie es Ihnen am wichtigsten ist. Welche Personen und welche Tätigkeit sind Ihnen persönlich am wertvollsten? Das werden Sie wissen, denn Ihr Unterbewusstsein kennt Ihren inneren Antrieb schon lange. Sie müssen das nur rauskitzeln. Es könnte also durchaus rauskommen, dass das Thema Sicherheit für Ihre Familie Ihr wichtigster Antrieb ist. Dann wäre Ihr Sinn: Ich schaffe durch mein Tun ein sicheres Umfeld für meine Familie. Das wäre Ihr Purpose. Und das wäre ein sehr guter sinnhafter Zweck. Wenn Sie dann morgens im Bett liegen und sich fragen, warum Sie denn heute eigentlich aufstehen sollten, dann rufen Sie sich Ihren Purpose ins Gedächtnis, und schon fällt das Aufstehen viel leichter. Und falls nicht, dann haben Sie Ihren sinnhaften Zweck vielleicht noch nicht komplett richtig erfasst, und das ist gar nicht schlimm. Auch mag sich Ihr innerer Antrieb mit der Zeit ändern, daher schadet es nicht, diese Übung von Zeit zu Zeit zu wiederholen. Und wenn Sie Ihren Purpose auf Anhieb gefunden haben und megaglücklich damit sind, dann beglückwünsche ich Sie außerordentlich zu dieser Leistung und Ihrem Gespür, in sich hineinzuhören. Jetzt sind Sie einen wesentlichen Schritt vorangekommen.

Allen anderen, die mit ihrem Ergebnis unzufrieden sind, möchte ich Mut zusprechen. Wiederholen Sie die Übung, und nehmen Sie sich ab und zu Zeit, über das Thema nachzudenken. Irgendwann ist Ihr Unterbewusstsein bereit und entwickelt einen passenden sinnhaften Zweck für Sie. Es kann durchaus vorkommen, dass Ihr eigentlicher Lebenssinn überhaupt nichts mit Ihrem derzeitigen Beruf zu tun hat. Aber hallo, das wäre mal eine wichtige Erkenntnis, meinen Sie nicht auch? Oft versuchen wir uns dann mit der Phrase »man muss das halt tun« selbst zu belügen. Denn müssen müssen Sie gar nichts, wie auch immer Ihr Leben derzeit aussieht. Sie wollen, dass es genau so ist, wie es gerade ist, sonst hätten Sie es ja schon längst geändert, oder etwa nicht? Jetzt mögen Sie erbost aufschreien, aber denken Sie einmal in Ruhe darüber nach. Die Erkenntnis wird irgendwann einsickern.

Ich wünsche Ihnen, dass Sie Ihr Leben nach Ihrem inneren Sinn ausrichten werden. Das sollten wir alle erleben dürfen.

KAPITEL 28

MAL ÖFTER MIT HAIEN SCHWIMMEN

Der herausragendste und alles entscheidende Charakterzug, den J. K. Rowling dem jungen Harry Potter angedeihen ließ, war der Mut. Wie Albus Dumbledore so schön sagte: »Du mutiger, mutiger Junge.«[33] Wenn Sie die Bücher und Filme kennen, dann wissen Sie (Achtung Spoiler), dass Harry Potter keineswegs ein furchtloser Draufgänger, sondern doch sehr sensibel war, und, das ist jetzt entscheidend, er hatte Angst. Aber trotz der Angst machte er weiter, da er wusste, den richtigen Weg eingeschlagen zu haben. Und das ist Mut. So funktionierte jede HP-Geschichte: eine neue, schier unlösbare Aufgabe, gefolgt von Mut und episodischem Happy End. Harry Potter perfektionierte diese mutige Heldenreise, indem er immer einen Schritt weiterging, auch wenn er eine Heidenangst hatte. Er konnte nur so erfolgreich sein, da er sich immer auf seinen Mut verlassen konnte.

Ich hatte auch furchtbare Angst. Meine Knie haben schon etwas geschlottert, und am Japsen in meiner Schnorchelmaske wäre ich fast erstickt. Das war knapp oder kommt ES etwa zurück ... Seit meiner Kindheit wurde ich – und wahrscheinlich auch Sie – konditioniert. Aber wahrscheinlich wissen Sie das gar nicht. Wie der Pawlowsche Hund, der anfing wie wild zu sabbern, wenn ein Glöckchen bimmelte, da er dachte, es käme Fressen, wird bei Ihnen das Adrenalin einschießen und der Fluchtreflex ausgelöst werden. Alles, was ich dafür tun muss, ist, Ihnen eine gewisse Filmmusik aus einem Meisterwerk von Stephen Spielberg vorzuspielen. Dann gehen Sie wahrscheinlich auch die nächsten zwei Tage nicht mehr in die Badewanne, aus Sorge, ein großer weißer Hai hätte plötzlich Appetit auf Sie bekommen. Aber es liegt sicherlich nicht nur an diesem einen Film. Es gibt ja zig andere. Mal ist der Hai riesengroß, mal werden Taucher vergessen und treiben im Meer, mal kann sich ein junges hübsches Model gerade noch auf einen Stein retten. Aber der Stein wird mit der Flut untergehen, und da wartet schon das gefräßige Monster.

All das zahlt auf unser Angst-Konto ein. Viele von uns haben daher eine völlig unbegründete Aversion gegen Haie, eine Urangst, wir könnten gefressen werden. Wenn wir Jahrtausende zurückblicken, ist das natürlich verständlich. Unsere Vorfahren mussten sich ständig vorsehen, um nicht doch erlegt zu werden. Mittlerweile aber gibt es wohl nur noch wenige Tiere, die dem Menschen auf so eine Art und Weise gefährlich werden können. Aber diese Filme spielen eben bewusst mit dieser Urangst in uns – und es funktioniert ja blendend. Leider hat dies fatale Auswirkungen auf diese tollen Tiere, ohne die das Ökosystem Meer nicht funktionieren würde. Wir Menschen tun, was wir am besten können: Tierarten ausrotten, deshalb sind so manche Haiarten auf der Liste der gefährdeten Tiere. Aber darauf wollte ich gar nicht hinaus. Vielmehr wollte ich folgende verblüffende Information mit Ihnen teilen, die ich neulich gelesen habe. Da war ich verdutzt, als ich das las, und musste einen Moment nachdenken.

Wussten Sie, dass jährlich mehr Menschen von Menschen in der U-Bahn gebissen werden als von Haien im Meer? Ja, Wahnsinn, wer beißt denn Menschen und dazu noch in der U-Bahn? Verrückt. Na ja, wer schon mal in der

New Yorker U-Bahn gefahren ist, den mag das nicht sonderlich überraschen. Aber das wusste ich noch nicht, als ich in Malaysia im Meer schnorchelte und meine persönliche Begegnung mit Haien hatte. Natürlich war diese völlig ungeplant und, wie mir später berichtet wurde, auch unfassbar unwahrscheinlich, eher mit einem Sechser im Lotto vergleichbar oder vielleicht auch mit der Wahrscheinlichkeit eines original New Yorker Willkommensbisses in der U-Bahn – ich weiß es nicht. Was ich aber weiß, ist, dass ich echt Angst hatte. Aber nach einem ersten Erschrecken und dem antrainierten Fluchtreflex hielt ich doch inne und stellte fest, dass alle Körperglieder intakt, das Wasser weiterhin blau und der Hai auch mehrere Meter entfernt majestätisch vor sich hin schwamm. Man könnte sogar auf die bizarre Idee kommen, dass er sich überhaupt nicht für mich interessierte, was wiederum kurz an meinem Ego kratzte. Und dann begann die Faszination, ich schwebte im Wasser und beobachtete den Hai, und auf einmal sah ich einen zweiten und einen dritten. Eine ganze Gruppe von Weißspitzen-Riffhaien kam in Sicht und ich mittendrin. Ich hatte schon weiter Angst, aber ich stellte mich dieser Furcht, da ich wusste, es war jetzt einfach richtig, hier als stiller Beobachter zu verweilen und mal wieder die ganze Pracht der Natur zu erfahren. Das war schon mutig von mir, und dafür klopfe ich mir auch selbst auf die Schulter. Gut gemacht. Ja klar, Meeresbiologen oder Profitaucher, die mit weißen Haien schwimmen, lachen sich da jetzt schlapp drüber, aber für mich war das in diesem Moment megamutig und eine Erfahrung, die mich weitergebracht hat.

Wenn man sozusagen aus seiner Komfortzone heraustritt und Neues lernt, neue Erfahrungen macht, seine Persönlichkeit wachsen lässt, dann ist man mutig. Man könnte also auch sagen, dass wir einen Harry Potter abgezogen haben. Ich möchte Sie gerne ermutigen, dass Sie viele eigene

Harry Potters abziehen, denn die Welt braucht Sie da draußen. Unsere Welt braucht weiterhin kluge Köpfe, die die Welt ein klein wenig fortschrittlicher, grüner, lebenswerter und innovativer machen. Ich bin mir sicher, Sie, die Sie diese Zeilen lesen, sind einer dieser klugen Köpfe, und auch Sie können dazu beitragen, die Welt ein klein bisschen besser zu machen. Das schaffen Sie, indem Sie sich zuerst zum besten Selbst entwickeln, das Sie sein möchten. Seien Sie mutig, denken Sie groß, und egal in welchem Bereich Sie gerade tätig sind, jeder von uns kann einen kleinen Beitrag leisten, sofern er denn möchte. Jetzt denken Sie womöglich: »Ach, hör doch auf mit deinem Pseudo-Motivations-Geschwafel, was bringt es schon, wenn ich was anders mache als sechs Milliarden andere Menschen? Was soll das der Welt bringen?« Danke, dass Sie fragen, denn dazu möchte ich Ihnen gerne eine kleine Geschichte erzählen, die mir jetzt spontan einfällt.

Wenn Sie an eine Wetterfee denken, welches Bild haben Sie dann im Kopf? Sicherlich denken Sie nicht an einen älteren Herrn mit grauen Haaren und stahlblauen Augen. Dabei sollten wir das tun, denn Edward Lorenz hat nicht nur die Meteorologie revolutioniert. Edward Lorenz war in den 1960er-Jahren dabei, einen Computer zu programmieren, sodass dieser das Wetter vorhersagen kann. Bei seinen Berechnungen nutzte er immer drei Anfangsgrößen: die Temperatur, den Luftdruck und die Windrichtung. Diese Größen setzte er ins Verhältnis und fütterte damit sein Programm. Das erste Mal arbeitete er mit der Zahl 0,56127, und sein Programm spuckte ein Ergebnis aus. Zur Validierung, also zur Überprüfung, ob auch alles richtig funktioniert hat, ließ er das Programm noch mal laufen, nur machte er nun einen winzigen Fehler. Statt der kompletten Zahl 0,56127 rundete er und gab nur 0,56 in das Programm ein. Das nun vom Computer errechnete Ergebnis verblüffte Edward Lorenz völlig, denn es war komplett unterschiedlich, also vollkommen anders als das erste Ergebnis. Obwohl die Zahl nur geringfügig verändert wurde, war die Auswirkung enorm. Dieses Experiment gilt als Geburtsstunde der CHAOS-THEORIE, die einerseits besagt, dass komplexe Systeme unmöglich vorherzusehen sind, und andererseits, dass kleinste Abweichungen die größten Auswirkungen haben können. Vielleicht haben Sie in diesem Zusammenhang schon einmal vom Schmetterlingseffekt gehört. Ich finde die Erklärung von meinem Lieblings-Mathematiker Ian Malcom am schönsten: »Der Schmetterling bewegt in Peking die Flügel, und im Central Park gibt's Regen statt Sonne.«[34] Das soll bedeuten, dass ein Flügelschlag eines Schmetterlings zwar an sich regelrecht unbedeutend ist, aber in einem dynamischen System, wie das Wetter nun einmal ist, kann das vollkommen andere Ergebnisse liefern. So müssen dann die New Yorker ihren Schirm einpacken anstatt der Sonnenbrille. Auch das Klima ist ein dynamisches System. Das bedeutet, dass kleine Veränderungen enorme Auswirkungen haben können. Das finde ich irgendwie befreiend, heißt es doch, dass auch einige wenige Menschen in der Lage sein können, alles zu ändern. Irgendwo da draußen gibt es jemanden mit einer Idee, die so grandios sein wird, dass diese unser Klimaproblem abfedern oder erträglicher gestalten kann. Sind Sie diese Person?

Ich möchte Ihnen noch ein zweites Phänomen näherbringen, den sogenannten »TIPPING POINT«[35]. Wenn dieser Kipppunkt überschritten ist, gibt es kein Halten mehr. Stellen Sie sich einen Berghang mit Schnee vor. Jetzt wirft jemand einen Schneeball rein, dann noch einen, dann noch einen. Erst mal passiert gar nichts. Irgendwann beginnen diese Schneebälle zu rollen. Jemand könnte aber noch hingehen und diese wieder stoppen. Tut man dies aber nicht und wirft stattdessen weitere Schneebälle, werden die rollenden Bälle immer schneller und größer und erreichen einen Punkt, an dem sie nicht mehr aufzuhalten sind. Das ist der Tipping Point. Jetzt wächst sich der Schneeballhang zu einer riesigen Lawine aus und hat eine weitaus größere Zerstörungskraft als die Schneebälle allein. Und diesen Kipppunkt gibt es in allen Bereichen. Egal ob Sie Sonnenbrillen verkaufen, eine Idee weitertragen wollen oder auch ein lustiges Video, es muss eine gewisse Anzahl an Leuten das Thema weitertragen – und lange Zeit passiert nichts –, bis es dann zum Tipping Point kommt und auf einmal alle mit Piloten-Sonnenbrillen rumlaufen oder sich das viral gewordene Video ansehen. Das heißt für uns Menschen, die nachhaltig und klimafreundlich leben wollen, dass wir dies einfach weiter tun müssen. Es wird zum Tipping Point kommen, aber dafür brauchen wir jeden einzelnen von Ihnen. Es braucht Leute, die ein tolles Netzwerk haben, und es braucht Leute, die das Thema in- und auswendig beherrschen. Wenn Experten auf Netzwerker treffen und beide das Gleiche wollen, ist der Tipping Point umso schneller zu erreichen. Ich zähle auf Sie!

Tipping Point und Chaos-Theorie sollten uns allen Hoffnung geben. Und jetzt haben Sie auch eine coole Antwort, wenn Sie mal wieder jemand fragt, warum ausgerechnet wir paar Europäer mit gutem Beispiel vorangehen sollten. Ach, da fällt mir noch ein schönes Zitat ein:

»Hoffnung ist wie die Sonne. Wenn du nur an sie glaubst, wenn du sie sehen kannst, wirst du niemals die Nacht überstehen.«[36]

KAPITEL 29

DAS ENDE ODER DER ANFANG

Um diesem Buch einen schönen Abschluss zu gönnen, möchte ich Ihnen noch eine Geschichte erzählen. Ich habe in meinem Leben bisher schon einige Sportarten ausprobiert und fast genauso viele wieder aufgegeben. Den wohl längsten Atem hatte ich tatsächlich beim Aikido, einer japanischen Kampfsportart, die sehr viel Philosophie und geistige Haltung lehrt. Wenn Sie eine Mischung aus körperlicher Ertüchtigung, schmerzhaften Armverrenkungen und geistiger Achtsamkeit suchen, ist das vielleicht genau der richtige Sport für Sie. Aikido ist deswegen besonders, da es reine Verteidigungstechniken im Repertoire hat. Die grundlegende Idee dabei ist, dass Sie im Falle eines körperlichen Angriffs die Energie dieser Person aufnehmen und gegen sie selbst richten. Wenn also jemand versucht, mit einem Messer auf Sie einzustechen, nutzen Sie den Schwung der Stichbewegung, um den Angreifer zu entwaffnen und zu fixieren. Sie können sich gar nicht vorstellen, wie eine leichte und korrekt ausgeführte Drehung des Handgelenks einen unfassbaren Schmerz erzeugen kann, ohne dass etwas kaputtgeht.

Angefangen mit Aikido habe ich etwa im Alter von acht Jahren. Sie fragen sich sicher, wie ein kleiner Junge auf die Idee kam, sich für so eine Sportart anzumelden. Na ja, die Erklärung ist recht einfach: Meine Mutter hatte mich angemeldet. Warum, weiß kein Mensch. Ich war schon begeistert, als ich davon erfuhr, da ich von anderen asiatischen

Kampfsportarten wusste, dass man sich verschiedene Gürtelfarben erarbeiten konnte. Erst Weiß, dann Orange, danach Blau und Braun. Und irgendwann der Olymp, der schwarze Gürtel. Wie cool ist das, wenn man einen schwarzen Gürtel trägt! Der Traum eines jeden Jungen, der einmal einen »martial-arts«-Film gesehen hat. Also auf und voller Vorfreude ins Training. Was ich da noch nicht wusste: Beim Aikido gibt es überhaupt keine Gürtelfarben. Man trägt immer den weißen Gürtel, der einzige Unterschied in der Bekleidung zwischen Meister und Schüler ist ein schwarzer Hosenrock, der sogenannte Hakama, der einem verliehen wird, wenn man selbst die Meisterwürde erlangt. Boah, was war ich enttäuscht, als ich das erfuhr. Irgendwie hat's dann auch keinen Spaß gemacht. Und ganz ehrlich und im Nachhinein auf mein damaliges Alter geschaut, der Sport ist nichts für Kinder. Die ganze geistige Haltung und die Philosophie hinter den Bewegungen kann kein Kind, nein – konnte ich – nicht umsetzen. Also habe ich nach zwei Jahren wieder aufgehört.

Aber irgendwie hat mich das Schicksal wieder zu diesem Sport geführt. Und irgendwie ist das auch logisch, hier passiert so viel mit unserer eigenen Energie, und Energie ist der rote Faden meines Lebens. Während meiner Zivildienstzeit, also gute zehn Jahre nach meinem ersten Versuch, lernte ich meinen zukünftigen Aikido-Meister kennen, und ich entschloss mich, wieder zu trainieren. Wir trafen uns immer zweimal die Woche zum Training, und ich ging immer voller Ehrfurcht durch diese Türen, der Boden mit weißen Matten ausgelegt, die Wände mit dunklem Holz vertäfelt, und über allem schwebte der Duft nach Holzpolitur und Räucherstäbchen. Und da stand er in der einen Ecke des Raumes, unser Meister. Und mein Meister hatte so einen perfekt japanischen Namen, nämlich Robert. Also Robert stand da, die Hände verschränkt und hieß uns mit einer leicht näselnden Stimme willkommen. Robert machte die Übungen vor, und wir mussten im Anschluss zu zweit üben. Währenddessen ging der Meister von Paar zu Paar, um zu helfen. Und so kam er auch zu mir, und folgendes Gespräch entwickelte sich:

Ich: »Meister, du hast uns jetzt eine vollkommen neue Übung gezeigt, das habe ich noch nie gemacht, wie soll ich denn das nachmachen, das geht doch überhaupt nicht. Was ist denn, wenn ich was falsch mache? Das kann ich nicht. Was soll ich tun?« Während meiner im Staccato und ohne Punkt und Komma vorgetragenen Ausflüchte stand Robert vollkommen regungslos da, die Hände verschränkt, das Gesicht ausdruckslos. Als ich geendet hatte, sagte er »Einfach mal machen.«

Ich: »Wie, einfach mal machen, ich hab das noch nie gemacht, da musst du mir schon noch was drüber erzählen, wie das denn richtig geht, sonst mach ich was falsch, und das geht ja nicht. Also bitte zeige mir noch mal ganz genau, was ich jetzt tun soll.«

Robert: »Einfach mal machen.«

Ich: »AHHHHH.«

Das war zum Ausflippen, wie ein Rumpelstilzchen konnte ich da über die Matten hüpfen, und das war zum Haare-Ausreißen. Und damals hatte ich noch Haare. Wie auch immer, mein Ausrasten hat nichts genützt, rein gar nichts hat es genützt. Und irgendwann ging mir dann ein Licht auf. Auf einmal konnte ich die Genialität in diesen drei einfachen Worten begreifen. Einfach mal machen. Ist das nicht die Quintessenz von allem? Überlegen Sie einmal, wie viel Weisheit in diesen drei Worten steckt. Egal, ob es unsere erste Tanzstunde ist, unser erster Kuss oder das erste Mal nach 20-stündigem Flug einen Mietwagen im Linksverkehr fahren: Wir müssen es halt einfach mal machen, um festzustellen, dass es ja doch Spaß macht und sich lohnt. Zumindest beim Küssen war das bei mir so.

Aber im Ernst, erst wenn wir mit etwas beginnen, können wir besser und besser werden, dadurch wachsen und unsere Komfortzone erweitern. Und wir müssen keine Angst vor unseren ersten Malen haben. Niemand ist perfekt auf die Welt gekommen, ja Perfektion existiert gar nicht, sondern wir alle müssen üben, und das praktisch. Was nutzt uns das beste theoretische Wissen, wenn wir es nicht umsetzen? Als ich das verstanden hatte, dass wir einfach ins Tun kommen müssen und damit immer besser werden, hat es gar nicht mehr so lange gedauert, bis ich meinen eigenen schwarzen Hakama verliehen bekommen habe.

Ich finde, diese Geschichte passt so wunderbar zu mir. In den letzten 15 Jahren, die ich mich ja mit grüner Energieversorgung und einem nachhaltigen Leben beschäftige, habe ich immer wieder festgestellt, dass viele Menschen zwar tätig werden wollen und Nachhaltigkeit supergut finden, aber letztlich doch nichts oder nur sehr wenig tun. Und das finde ich bemerkenswert. Dabei können Sie sich sicher sein, dass, wenn viele ein klein wenig tun, die positiven und klimaschonenden Auswirkungen enorm sind. Ich bin mir sicher, dass Sie alle fantastische Ideen in Ihren Köpfen haben. Genau solche Ideen, die unsere Welt gerade braucht. Das Problem mit Ideen ist tatsächlich nur, dass sie auch umgesetzt werden müssen.

Und hierfür möchte ich Ihnen noch eine kleine Inspiration mitgeben. Wenn Sie das nächste Mal vor einer Entscheidung stehen, wie zum Beispiel: »Boahh, soll ich jetzt wirklich mit dem Fahrrad zur Arbeit fahren? Das habe ich ja noch nie gemacht, kann ich auch bestimmt nicht«, dann stellen Sie sich bitte vor, dass auf Ihrer Schulter ein kleiner Aikido-Meister steht. Dieser Meister hat seinen schwarzen Hosenrock an und schaut Sie mit verschränkten Armen an. Und wenn Sie Robert also ansehen, dann wissen Sie ganz genau, welche drei Worte er gleich in seiner nasalen Stimme zu Ihnen sagen wird. Nämlich: »Einfach mal machen.«

In diesem Sinne: Domo arigato.

DANKSAGUNG

Ein richtig kluger Mann hat einmal gesagt: »Die größte Gefahr für unseren Planeten ist der Glaube, dass jemand anderes ihn rettet.« Dieser kluge Mann heißt Robert Swan und ist Polarforscher. Ich finde, damit hat Robert Swan den Nagel auf den Kopf getroffen, und daher möchte ich mich zuerst bei ihm bedanken, denn durch diesen Spruch ist überhaupt erst die Idee in meinem Kopf gepflanzt worden, dieses Buch zu schreiben. Ein Buch, das aufzeigen soll, dass wir alle zusammen ranmüssen und es auch tun können. Dabei kommt es eben darauf an, dass wir ab und zu unseren Blickwinkel ändern und nicht alles für bare Münze nehmen. Ich hoffe, das konnte ich Ihnen in diesem Buch aufzeigen.

Nichtsdestotrotz wacht man ja nicht einfach so morgens auf und denkt sich, okay, ich schreibe jetzt mal ein Buch. Daher gilt mein zweiter Dank gleich zwei Personen. Einerseits meiner Frau, die mich überredet hat, es einfach mal zu tun. Sie musste dazu nur »einfach mal machen« sagen. Anderseits gilt mein großer Dank einem außergewöhnlichen Mann, der mir gezeigt hat, wie es denn geht. Hermann Scherer hat mich über die letzten Jahre begleitet und mir immer wieder die nötige Inspiration und das Wissen geliefert, um weiterzumachen und es richtig zu machen. Ohne ihn wäre dieses Buch nicht entstanden.

Meiner Geduld und Hartnäckigkeit danke ich ebenfalls, da ohne diese beiden dieses Buch keinesfalls entstanden oder auf halber Strecke krepiert wäre. Die ersten Seiten waren die schwersten, aber irgendwann wird es dann leichter. Man muss es halt mal machen. Aber selbst 1000 Seiten Buchmanuskript würden nichts nützen, gäbe es da nicht diese fantastischen Menschen des Verlages meiner ersten Wahl. Erst durch die Mitarbeiter von Goldegg konnte dieses Buch letztlich geboren werden. Daher gilt mein großer Dank Elmar Weixlbaumer, Verena Minoggio-Weixlbaumer und vor allem Ursula Schwarz, die mir immer wieder den Spiegel vorgehalten hat, wenn ich mal zu viel Schmarren aufs Papier gebracht hatte. Ich danke dem ganzen Team von Goldegg. Ihr seid Klasse.

Zuletzt möchte ich noch einem ganz besonderen Menschen in meinem Leben danken: Meine liebe Tochter, danke, dass du mich inspirierst und meinen sinnhaften Zweck definierst. Auch wenn du immer zu meinen tollen Geschichten über die Natur so wunderbar herrlich kommentierst: »Papa, das interessiert mich nicht«, so hoffe ich dennoch, dass ich auch dich mit der Zeit inspirieren kann. Und allen Kindern dort draußen wünsche ich eine wundervolle Zukunft und eine lebenswerte Umwelt voller Wunder. Denn nichts Geringeres habt ihr verdient.

Ich halte mich mit meinem Tun weiterhin an eine Rede vom guten alten Steve Rogers, der einst sagte: »Whatever it takes.«[37] Was auch immer es braucht, das getan werden muss, um unsere Welt ein Stück besser zu machen, das sollte auch getan werden.

Und nun haben Sie es geschafft – vielen Dank für Ihre Zeit, die Sie mit diesem Buch verbracht haben. Vielen Dank für Ihr Interesse, und nun auf in die Umsetzung! Ich freue mich auf die Ergebnisse.

PHILIPP SCHÖNBERGER IM OKTOBER 2023

ENDNOTEN

1 Chuck Buck; Frozen
2 Robert Zemeckis; Cast away
3 Mark Cendrowski; The big bang theory
4 Otto Walkes; Der menschliche Körper
5 Douglas Adams; Per Anhalter durch die Galaxis
6 Umweltbundesamt; Erdüberlastungstag
7 Steven Spielberg; Jurassic Park
8 BP Energy Outlook; 2022/2023 Edition
9 Rian Johnson; Star Wars Episode VIII
10 Umweltbundesamt; Bruttostromerzeugung nach Energieträgern
11 Helmut Weiss; Die Feuerzangenbowle
12 Matt Groening; Die Simpsons
13 Andrew Stanton; Findet Nemo
14 Ridley Scott; Gladiator
15 Peter Jackson; Der Herr der Ringe
16 Claudia Kämper et al.: Wie klimafreundlich sind Elektroautos; Update Bilanz 2020; Institut für Energie und Umweltforschung Heidelberg.
17 Todd Phillips; Hangover 2
18 Robert Lembke; Was bin ich
19 Clueso; Anlauf nehmen
20 Robert Zemeckies; Forrest Gump
21 Steven Spielberg; Indiana Jones und der Tempel des Todes
22 Janika Ofterdinger et al. (2022): Entwaldungs- und umwandlungsfreie Lieferketten. WWF Deutschland.
23 Harry Harrison; New York 1999
24 Steffen Noleppa et al. (2016): Auf der Ölspur; WWF Deutschland.
25 Wissenschaftliche Dienste – Deutscher Bundestag-WD8-3000-002/21.
26 Moritz Mottschall et al.: Öko-Institut e.V. 3710 96175 UBA-FB001786/1 – 2013.

27 Claudia Kämper et al. (2020): Wie klimafreundlich sind Elektroautos; Institut für Energie und Umweltforschung Heidelberg.
28 Sam Raimi; Spiderman
29 Martin Campbell; Casino Royal
30 Climatecentral.org; Ph. D. Ben Strauss; Princeton
31 Monty Pythons; Die Ritter der Kokosnuss
32 Pete Docter; Soul
33 J. K. Rowling; Harry Potter
34 Steven Spielberg; Jurassic Park
35 Malcolm Gladwell; The Tipping Point; Goldmann Verlag.
36 Rian Johnson; Star Wars Episode VIII
37 Anthony Russo; Avengers Endgame

WEITERFÜHRENDE LITERATUR

Fachbücher

Atkins, Peter W., Physikalische Chemie, Wiley-VCH, 2001, Weinheim

Binnewies, Michael u. a., Allgemeine und Anorganische Chemie, Spektrum, 2004, Heidelberg

Dolezal, Richard, Dampferzeugung, Springer-Verlag, 1990, Berlin

Gleich, Dietrich u. a., Apparateelemente, Springer-Verlag, 2006, Berlin

Joos, Franz, Technische Verbrennung, Springer-Verlag, 2006, Berlin

Leipertz, Alfred, Wärme- und Stoffübertragung, Esytec, 2003, Erlangen

Leipertz, Alfred, Technische Thermodynamik, Esytec, 2002, Erlangen

Levenspiel, Octave, The Chemical Reactor Omnibook, osu bookstore, 2002, Corvallis
Madigan, Michael T. u. a., Brock Mikrobiologie, Spektrum, 2003, Heidelberg
Mortimer, Charles E., Chemie, Thieme, 2001, Stuttgart
Nultsch, Wilhelm, Allgemeine Botanik, Thieme, 2001, Stuttgart
Schult Stefan u. a., Energie einfach besser nutzen, Carl Schünemann Verlag, 2013, Bremen
Schwister, Karl u. a., Taschenbuch der Verfahrenstechnik, Carl Hanser Verlag, 2005, München
Schmid, Rolf D., Taschenatlas der Biotechnologie und Gentechnik, Wiley-VCH, 2006, Weinheim
Schellekens, Huub u. a., Ingenieure des Lebens, Spektrum, 1994, Heidelberg
Stryer, Lubert, Biochemie, Spektrum, 1999, Heidelberg
Tipler, Paul A., Physik, Spektrum, 1994, Heidelberg
Vollhardt, K. P. C. u. a., Organische Chemie, Wiley-VCH, 2000, Weinheim
Wehner, Rüdiger u. a., Zoologie, Thieme, 1995, Stuttgart

Romane

Elsberg, Marc, Blackout, blanvalet, 2013, München
Kling, Marc-Uwe, Der Tag, an dem der Opa den Wasserkocher auf den Herd gestellt hat, Carlsen, 2020, Hamburg

Sachbücher

Chopra, Deepak, Die sieben geistigen Gesetze des Erfolgs, Allegra, 2019, München
Del Principe, Claudio, a mano, at Verlag, 2019, München
Gladwell, Malcolm, Tipping Point, Goldmann, 2016, München
Johnson, Spencer, Eine Minute für mich, rowohlt, 2002, Hamburg
Murphy, Joseph, Die Macht Ihres Unterbewusstseins, Ariston, 1967, Genf